太阳能
热推力器性能仿真及试验分析

PERFORMANCE SIMULATION AND EXPERIMENTAL
ANALYSIS OF SOLAR THERMAL THRUSTER

黄敏超　戴　佳　程玉强　张　静 ◆ 编著

国防科技大学出版社
·长沙·

内容简介

本书以太阳能热推力器作为研究对象,建立和阐述了太阳能热推力器的数学模型、仿真模型和实验方法。主要内容包括:介绍了太阳能热推力器物理建模与基本方法,开展了太阳能热推力器吸收腔辐射换热与二次聚光器再生冷却研究,分析了太阳能热推力器层板换热芯仿真与优化设计,开展了太阳能热推力器氨气推进剂离解特性仿真分析,进行了太阳能热推力器冷气实验和加热实验研究。上述理论分析或实验研究反映了当前太阳能热推力器性能分析的最新研究成果。

本书可作为航天、航空和动力等领域和专业的师生和科技人员从事太阳能热推力器性能分析或实验研究的教材或参考书。

图书在版编目(CIP)数据

太阳能热推力器性能仿真及试验分析/黄敏超等编著.—长沙:国防科技大学出版社,2022.3

ISBN 978 - 7 - 5673 - 0591 - 5

Ⅰ.①太⋯　Ⅱ.①黄⋯　Ⅲ.①太阳能发电—推进系统—性能分析

Ⅳ.①TM615

中国版本图书馆 CIP 数据核字 (2022) 第 002757 号

太阳能热推力器性能仿真及试验分析
Taiyangneng Retuiliqi Xingneng Fangzhen Ji Shiyan Fenxi

国防科技大学出版社出版发行

电话:(0731) 87000353　邮政编码:410073

责任编辑:王　嘉　　责任校对:何咏梅

新华书店总店北京发行所经销

国防科技大学印刷厂印装

*

开本:710×1000　1/16　印张:11.75　彩插:4　字数:227 千字

2022 年 3 月第 1 版第 1 次印刷　印数:1-1000 册

ISBN 978 - 7 - 5673 - 0591 - 5

定价:48.00 元

前　言

　　太阳能热推进系统采用聚光器聚集太阳光加热推进剂的温度至 2 200K 以上，通过拉瓦尔喷管膨胀加速从而产生推力，以氢气为推进剂的理论比冲可达 800s 以上，连续推力为 0.1~1N。太阳能热推进系统的比冲和推力水平介于化学推进系统和电推进系统之间，在轨道转移等空间任务中具有较大的性能优势。太阳能热推力器一般采用太阳光间接加热方式，利用高温壁面加热推进剂，因此提高换热芯的换热效率可以进一步提高推力、比冲等性能参数。本书对太阳能热推力器进行了一体化设计，将再生冷却方法和层板换热技术进行有效结合，使推力器的光热转化效率达到 86%，最大限度地利用了所接收到的太阳能。本书对太阳能热推力器内部的辐射与对流换热过程进行了数值仿真与实验研究，对太阳能热推进的空间应用任务进行了优化分析。

　　国外研究表明太阳能热推力器的折射式二次聚光器在高温工作下容易破裂，本书采用再生冷却技术，对二次聚光器与推力室进行了一体化设计，并开展了数值仿真和实验研究。采用光热耦合和流固耦合的方法进行吸收腔辐射换热与再生冷却的数值仿真研究，发现采用再生冷却方法之后，二次聚光器的最高温度从 2 400K 降低到 1 000K，达到了二次聚光器的安全工作温度，同时吸收器壁面温度维持在 2 400K 以上，对推进剂在换热芯内加热的副作用很小。分析了 RSC 材料的吸收系数对辐射换热过程的重要影响，随着吸收系数的增大，RSC 的温度不断升高。而且利用谱带近似模型模拟 RSC 的温度分布特性，计算得到的 RSC 温度更低。

本书以层板结构设计太阳能热推力器高效的换热芯，采用流固耦合传热方法，对层板换热通道进行了仿真，层板出口换热芯温度达到 2 200K 以上。分析了层板结构参数对换热芯加热效果的影响，得到的主要设计准则有：喷管喉部面积必须是推力器流道中的最小截面，这要求换热芯层板控制流道截面之和要大于喉部面积；控制流道占据总长度约 50% 时为最佳长度；控制流道横截面积越小，加热效果越好。

作为推进剂，氢气（H_2）的储存密度低且需要低温储存，并不适合小卫星等小型航天器的空间应用。而氨气离解后产生氮气和氢气，比冲可以提高到 400s 以上，在推进剂中具有非常大的优势。基于有限速率化学反应方法，研究了以氨气为工质的太阳能热推力器的传热与流动特性，重点分析了氨气被加热至高温后离解的组分特性和变化规律，以及氨气离解反应对推力器比冲的影响。氨气工质离解后的主要组分为 N_2 和 H_2，离解组分 N、H、NH、NH_2、NNH 和 N_2H_2 等在最终产物中的摩尔百分比很小，不影响推力器喷管的性能，但是它们是生成最终产物 N_2 和 H_2 的重要中间产物，其作用是不容忽视的。氨气离解后的推力器比冲明显提高，且比冲随氨气离解度的增大而增大，氨气在完全离解的情况下比冲可以达到 410s。因此，在推力器材料允许的情况下，应该尽可能提高换热芯的加热温度，从而能够增加氨气的离解度，提高推力器的比冲。

本书既是作者长期从事太阳能热推进系统研究工作的总结，也是作者参考了国内外众多书籍后的归纳反思。由于太阳能热推进系统性能优化分析是一个非常复杂的研究领域，许多组件工作过程机理仍不明晰，太阳能热推进系统性能优化分析仍处于不断的发展变化当中，本书必然还存在许多疏漏之处，恳请读者批评指正！

黄敏超

2021 年 10 月

目　录

第一章 绪 论

1.1 研究背景与意义

随着空间探索技术的不断发展,人类对空间运输系统的效率和经济性的要求也越来越高,亟需比化学推进更加高效的推进系统。太阳能热推进(Solar Thermal Propulsion,STP)系统具有相对小的尺寸和高比冲,在一些特定的空间任务上有很大的性能优势。太阳能热推进系统一般由聚光器、换热芯、喷管和推进剂供应系统等组件组成。聚光器通常采用抛物面镜,聚集太阳光以加热位于焦点处的换热芯,推进剂在换热芯内流过被加热,最后通过拉瓦尔喷管膨胀加速产生推力。采用这种推进模式,利用面积约 $10m^2$ 的可膨胀薄膜聚光器收集太阳辐射,推进系统可产生牛级的推力。由于氢气(H_2)的摩尔质量小,可以获得很高的排气速度,是太阳能热发动机理想的推进剂,使用氢气为推进剂的 STP 理论比冲可达 800s[1]。然而,氢气的低摩尔质量也降低了发动机可以提供的推力,将太阳能热推进系统限制于低推力空间任务。太阳能热推进系统的主要应用为轨道转移和行星际探测,其需要的推力水平在 0.1N 到 40N 之间。图 1.1 对比了几种常见推进方式的推力范围和比冲范围。化学推进系统推力大但是比冲低,而电推进系统比冲很高但是推力很小,在当前可以实现的航天器平台尺寸范围内,太阳能热推进系统的比冲和推力特性都具有优势,其高比冲和推力适中的性能填补了化学推进系统与电推进系统之间的空白,可望用于提高上面级或轨道机动飞行器的有效载荷比。

传统化学推进技术是利用化学能将运载器送入预定空间轨道或实现航天器在轨机动的技术,主要是利用液体推进剂和固体推进剂的化学推进。化学推进技术已经有近百年的发展历史,目前其理论体系和应用技术基本成熟,发射基地和地面测控系统等配套设施健全。化学推进技术最突出的特点是可以提供大推力,其一直以来是航天领域使用最多的推进技术,在可预见的未来也是最重要的航天推进技术之一。虽然传统的化学火箭推进技术在功能性、安全性和可靠性方面都能满足目前发射任务的需求,但随着商业发射的剧增及太空探索任务的拓展,对于发射成本、发射周期及有效载荷能力都有新的要求。太阳能热推进技术可增加有效载荷入轨,减轻轨道保持与机动动力系统的质量,缩短近地轨道向地球同步轨道转移的时间,并可极大地拓展人类星际探索能力。太阳能热推进技术是一种前沿的空间推进技术,可实现的功能包括主推进、反应调节、位置保持、精确指向、轨道机动。在空间应用的主发动机为轨道转移、行星际轨道、外行星着陆和上升提供主要推力。反应调节和轨道机动系统为轨道保持、方位控制、位置保持和航天器姿态控制提供推力。

从地球表面发射需要推重比大于1,目前化学推进技术是唯一可以产生克服地球重力的推力推进技术。在空间,可采用效率更高的推进系统,减小任务所需的推进剂总质量。

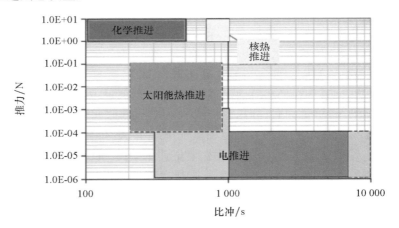

图 1.1　几种常见推进方式的推力范围和比冲范围对比

目前,美国、日本、俄罗斯和英国等国都在进行太阳能热推进相关技术的研究,有的已经由方案论证和原理样机研制阶段步入试验、改进阶段[2-4]。美国NASA 的空间推进技术发展计划中也把太阳能热推进技术列为近期优先发展和可实现的项目。迄今所见太阳能热推进技术的加热方式一般采用间接式,即先用汇聚后的太阳光加热固体,再用炽热的固体加热流体到 2 000K 以上的高温状态。在这个技术体系下,关键技术点主要有三个:一是轻质的大型聚光镜;二是耐高温的二次聚光镜;三是高效率的换热芯。换热芯的主要技术难点集中在高温结构上,包括高温下防止其与工质发生反应,保持与工质高速、高效换热的稳定构型;保持高温下的材料强度;减少对外的热辐射损失等。如何进一步加强太阳能热推进系统的换热结构,提高推力器的一体化设计水平,这些问题引起了各国研究者的广泛关注和重视[5-7]。

在国内,北京航空航天大学、哈尔滨工业大学、西北工业大学和国防科技大学也进行了太阳能热推进系统的基础理论研究,主要集中在系统概念设计和流场仿真等方面,研究深度尚需进一步提高[8-13]。

1.2 国内外研究现状概述

1.2.1 太阳能热推力器构型设计研究

美国主要有空军 Phillips 实验室、NASA Marshall 空间飞行中心、NASA Lewis 研究中心、阿拉巴马大学等在进行太阳能热推进技术的研究[14-18]。重点研究项目有集成式上面级太阳能热推进(Integrated Solar Upper Stage,ISUS)和太阳能轨道转移推进装置(Solar Orbit Transfer Vehicle,SOTV)[19-21]。图 1.2 为太阳能热推进系统应用于空间飞行器概念图。

图 1.2 太阳能热推进系统应用于空间飞行器概念图

美国洛克韦尔公司早期研制了铼热交换推力室试验初始样机,同时洛克达因公司研制了碳化铪(HfC)多孔材料推力室[22]。1996 年启动了上面级太阳能推进系统的方案论证与试验样机研究,采用钨或钨合金的吸收器/推力室,以氢气为工质[23]。美国马歇尔空间飞行中心(Marshall Space Flight Center,MSFC)一直开展太阳能热推力器的研究工作,其最典型的太阳能热推力器的设计推力约为 8.9N,比冲为 860s,推力室温度为 2 533K。吸收器壁面为圆筒形,厚 2mm、长 414mm;底部为半球形,其开口直径 67.4mm、底部直径 65.7mm,底部比开口窄,用于防止吸收器偏离中心轴。MSFC 太阳能发动机外壳的外径 81.6mm、底端 80.5mm,如图 1.3 所示。

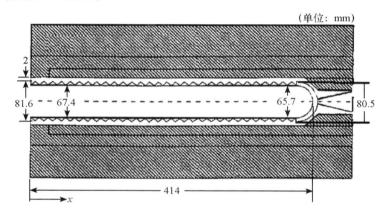

(单位: mm)

图 1.3 MSFC 太阳能热发动机结构图

NASA Lewis 研究中心在 1997 年对 ISUS 系统进行了地面实验,重点是对吸收器/推力室(Receiver/Absorber/Converter,RAC)进行测试[24-28]。RAC 为石墨腔体,为避免与 H_2 的反应,内外表面进行了化学蒸镀铼处理。工质 H_2 在预热器内预热后进入 RAC,实验中测得的 RAC 最高壁温为 2 200K,工质气体的最高温度为 2 022K,工质流量为 1.7g/s,计算比冲达 742s,该太阳能热推力器地面论证测试参数如表 1.1 所示。该系列测试成功地验证了太阳能热推进技术在系统级水平的可行性。图 1.4 为 ISUS 推力器的组件图,其工质换热流道采用了传统的结构简单的螺旋流道。试验后对推力室及其多层绝热防护层进行检查,无任何异常现象。推力室的多层隔热技术和螺旋流道设计在后续研究中可以借鉴和改进。多层隔热结构(MultiLayer Insulation package,MLI)由 80 ～ 100 层的钨、钼箔片组成,可有效降低推力器在外部环境的辐射,试验中测得推力器的能量损失约为 4 800W(输入功率为 10kW),其中辐射损失占 80%,对流损失占 20%。螺旋流道是工程上经常采用的强化换热措施。螺旋流道内的工质在向前运动过程中连续地改变方向,会在横截面上引起二次环流而强化换热。通过比较换热芯出口气流与入口气流之间的温差和换热芯体与入口气流之间的温差,经分析可确定其换热效率约为90%。

表1.1 太阳能热推进系统地面论证测试参数

地面论证测试参数	测试值
吸收器最高温度/K	>2 200
工质最高温度/K	>2 012
相应比冲/s	742
热交换器效率/%	~90
点火次数	122
总时间/h	320

图1.4 ISUS 推力器组件图

2004 年,某物理科学公司得到美国空军研究实验室的资助,与洛克达因公司、波音公司合作,开发了一种创新的应用于小型飞行器的太阳能热推进系统[29-30]。在该系统中,聚光器聚集太阳能辐射,通过由低损耗光纤组成的光导传输线,将高强度太阳辐射传输到热吸收器,产生有效的、高性能的推力。该结构内部为石墨吸收器,外部用金属钼隔离,图1.5 为其吸收器/推力室的内部结构简图。工质通过石墨腔的小孔流入腔体内部,再经钼管流出加热腔,通过曲折的流动线路得到充分的加热。在推力室的工质流动通道设计中,就借鉴了这一设计思路,使工质在高温壁面内迂回流动。

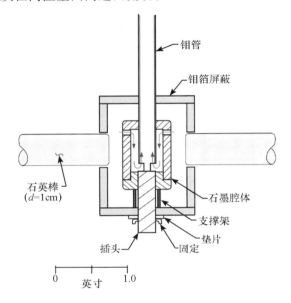

图 1.5 PSI 吸收器/推力室的内部结构[29-30]

钼和钨及其合金熔点高,是太阳能热推力器的理想材料,但在加工焊接过程和高温再结晶过程中易碎,以钼或钨为推力器材料制造的工艺难度较大。日本国家空间实验室与日本科学与技术协会、国家材料科学研究所等机构合作,在钼或钨中掺杂少量 CaO 和 MgO,热轧制成单晶钼板和单晶钨板,提高了钼和钨及其合金材料的延展性,解决了钼和钨及其合金在加工焊接过程和高温再结晶过程中易碎的问题[31-35]。研究人员用单晶钼成功研制了大中型的 STP,用单晶钨研制了背对背布置的双吸收器/推力室式微小型 STP,并以 N_2 或 He 为工质,进行了 STP 的初步性能实验。太阳光经聚光器汇聚后直接加热推力器,推力器外部采用了分层隔热技术。使用开口直径为 1.6m 的聚光器,工质加热温度达 2 300K,折合成 H_2 的比冲达 800s,该小型推力器如图 1.6 所示。目前国内钼和钨的生产通过特定的加工工艺能够满足推力器的工作需求,本研究初步考虑采用钼或钨合金来加工推力器。

英国萨里空间中心(Surrey Space Centre,SSC)2001 年以 C–SiC 为材料制造了推力室,并选用陶瓷结构的绝热层,在真空条件下,进行了电热循环加热试验(加热温度为 2 000K 以上),试验后,材料均未发生损坏和变形[36-39]。经过 3 年

图 1.6　日本设计的小型 STP

的发展和测试,萨里空间中心最终采用的太阳能热推进设计方案为 T 形绝热腔式推力室,主结构材料选择了一种金属间化合物(BN/TiB$_2$),先后设计和制造了两种结构 MK.I 和 MK.II,并在真空舱内加热到 1 500 ~ 2 000K。MK.I 系统结合了粒子床结构,使壁面与工质的热传递效果达到最大。MK.II 使用了结构简单、换热效率略低的螺旋通道设计,如图 1.7 所示。SSC 对材料的研究非常深入,特别是陶瓷材料的研究结果具有重要的参考价值。

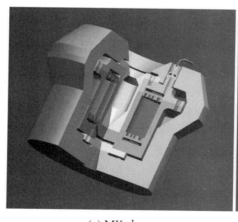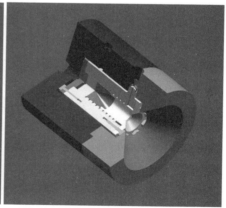

(a) MK.I　　　　　　　　　　　　　　(b) MK.II

图 1.7　SSC 太阳能热推力器结构图

吸收器的腔内与入口表面面积比要足够大,使吸收腔接近于一个黑体。在美国 ISUS 计划中,吸收腔与其入口的表面面积比就达到了 50∶1[40]。目前主要有两种太阳能热推进模式:①粒子床脉冲推进;②夹套连续推进。两种模式的理想温度分布是不同的,夹套连续推进模式要求最大的能流分布在出口,从而使工质在该处获取最高温度;而粒子床脉冲推进性能的提高在于快速均匀地加热整个吸收器。因此,应该根据推进模式的不同需求设计聚光器,使光斑的分布更加合理,更加有利于提高推力器的性能。吸收器的外形结构同样也要做相应的调整[41]。材料的表面结构直接影响其吸收率、反射率和发射率,而吸收器材料的反射率是影响吸收腔性能的关键因素,因此需要对吸收器内壁面进行抛光或粗糙化处理,以满足不同推进模式的需求(抛光对应粒子床脉冲推进模式,粗糙化对应夹套连续推进模式)。表面粗糙化可增大吸收腔内壁的能量吸收率,主要通过表面滚花处理和增加碳黑毛屑涂层等措施来实现[42]。目前,提高材料和组件的加工性能是吸收器/推力室研究的关键点。

1996 年,阿拉巴马大学的 Stark 等[43]对吸收器和聚光器表面进行了实验评估。针对 PBPT 和 JCT 两种推进模式,加工了大量钨吸收器样品,并对内壁面分别进行了不同程度的抛光和粗糙化处理,利用高功率汇聚光对各种吸收器的温度分布性能进行了测试。实验结果表明,经过表面处理后,可大大提高相应推进模式的加热效果和性能。针对目前的研究计划,主要应该考虑连续推进模式,设计有利于太阳光吸收的吸收腔结构,并对表面进行粗糙化处理。

萨里大学的 Henshall[44]建立了基于光纤传输的吸收器内的射线踪迹模型,分析了吸收器壁面的光强分布和温度梯度。仿真中假设吸收器内部为 100% 全反射,且光线为单光谱。针对其吸收器构型,仿真结果表明沿壁面 5mm 处的光强最大,温度也相应最高,如图 1.8 所示。该分析对优化吸收器结构的设计有重要的指导意义。

推进剂要实现 2 300K 以上高温,聚光器的聚光比需要达到约 10 000∶1,而单一的一次聚光很难满足这一要求,因此聚光器系统一般都需要配置二次聚光器。目前主要有两种二次聚光器设计方案,即复合抛物面式二次聚光器(Compound Parabolic Concentrators,CPC)和折射式二次聚光器(Refractive Secondary Concentrator,RSC)[45-47]。复合抛物面式二次聚光器由于存在相当大的反射损失,加上吸收损失,其输出效率仅为 65% 左右;而折射式二次聚光器与复合抛物面式相比,最大的优势是传输效率大。为了降低一次聚光器对太阳光跟踪精度的要求并补偿由此造成的聚光比损失,尽可能提高推力室吸收太阳辐射的效率,本书采用折射式二次聚光器作为太阳能热推进系统中的二次聚光器。

RSC 在高温下容易出现破裂的情况,NASA 格林中心 2009 年对两个蓝宝石RSC 进行了高温测试,均出现了破裂,破裂温度分别为 1 300℃ 和 649℃,如图1.9 所示[48]。通过测量断面的应力,第一个聚光器透镜面的径向张应力达到 44

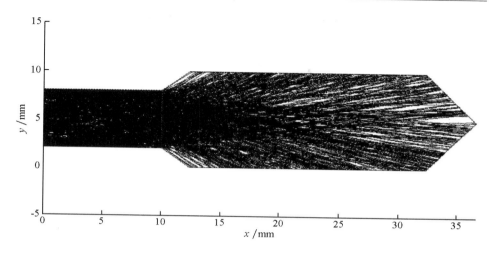

图 1.8 吸收器内部射线踪迹模型

~65MPa,分析认为加工和操作过程中对透镜面的损害导致了其破裂。第二个聚光器直接断成两部分并发生了变色现象,能量提取器变为银灰色,透镜部分变为棕色。可见 RSC 真正用于高温环境时,存在容易破裂的缺陷,且破裂具有较大的随机性,对加工过程要求苛刻。制造一个可靠耐用的 RSC 难度很大,可以采用一体化的主动冷却措施来提高 RSC 的使用寿命。

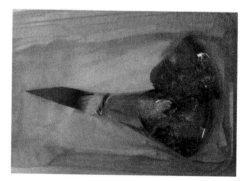

(a) 1 300℃   (b) 649℃

图 1.9 NASA 格林中心 RSC 高温测试破裂照片

国内对太阳能热推进技术也进行了很多创新性的研究。戴贵龙等[49-53]针对光热转换机理进行了初步的仿真研究,利用蒙特卡洛法追踪射线踪迹分析了石英窗口对光辐射吸收的影响。只有热转换温度高于给定聚集条件下的临界温度时,石英窗口才能够提高热转换效率。入射太阳能的聚光比越大,该临界温度越高。吸热腔温度分布对热转换效率有显著影响,温度分布峰值离太阳能入射窗口越远,效率越高。该研究结果为吸收器的设计和分析提供了很高的参考价值。

1.2.2　太阳能热推力器高效换热流道研究

高效的换热流道是太阳能热推进系统实现高比冲的关键,可以通过提高推进剂进入喷管的温度,进而提高推进系统的比冲。螺旋流道由于结构简单,易加工,是国外研究中多采用的结构[54-56]。推力室长度增加意味着系统体积大,结构复杂,质量增加,推力器完成任务的能力降低。

浙江大学的麻剑锋对旋转曲线管道内流动结构与换热特性进行了深入研究,详细分析了入口段和充分发展段的湍流管道内不同截面形状和几何参数对轴向速度分布、截面二次流结构、湍动能、曲线管道摩擦比,以及温度分布和曲线管道 Nusselt 系数比等管道流动和传热特性的影响,对太阳能热推力器的螺旋流道换热结构设计具有指导意义[57-59]。但是,螺旋流道仍然存在换热效率较低的缺陷。

研究借鉴层板发汗冷却结构设计,本书采用层板高效换热流道结构通过分流的方式增大工质与推力室壁面的换热面积,使工质在推力室内得到充分加热。同时,工质沿径向从低温外壁向高温内壁流动,降低了外壁温度,减少了推力器对外部环境的热损失,保护了壁面材料,提高了系统的能量利用效率。

目前,层板技术主要应用于液体火箭发动机推力室的发汗冷却。层板发汗冷却可将热影响区限制在散布流动区范围内,其控制流道高摩阻性与散布流动区的低摩阻性,可使受热壁面的局部过热对控制流道的影响很小,即使在局部发生过热时,冷却剂在该处的流量也是基本恒定的,局部过热产生的高温区将在稳定的发汗流作用下恢复正常,因此能够很好地克服一般多孔材料发汗冷却结构可能出现局部过热的缺陷,达到受热部件可重复使用的目的。利用层板结构的这一优势,工质与高温层板的高效对流换热更加安全可靠。

国外层板技术主要以美国 Aerojet 公司的大量成果为代表,尤其在 20 世纪 90 年代中期进行了新型双燃料双膨胀发动机研制的尝试,推力室头部采用层板式互击雾化射流喷注器,将金属薄板蚀刻出冷却剂流动的控制流道和散布流道之后再应用扩散焊技术形成层板结构的喷管,实现了以氢气为冷却剂的推力室壁面发汗冷却的设计方案。通过地面热试车证实了利用金属层板微小缝隙发汗,能够精确地控制推进剂在每一个层板微小缝隙的发汗流强,以极少量的氢气作为冷却剂就能够实现有效的室壁冷却,将层板发汗冷却技术的研究与应用推到了一个新的阶段[60-61]。

我国对各种类型的层板发汗冷却技术研究开始于 20 世纪 90 年代,主要的研究热点集中在航空航天高温装置的热防护问题。

西北工业大学的郁新华等[62-64]基于相似原理在压气式和吸气式风洞中对层板放大模型进行了流阻特性的实验研究,详细分析了开孔率、扰流柱形状、通道高度、扰流柱排列方式等层板内部结构参数对其流阻特性的影响,同时建立了层板结构流阻特性的工程计算模型,对部分结构还进行了内部换热特性的研究,得出了一些层板结构的内部换热规律;在该研究中还采用了数值模拟的方法,详细研究了层板内部复杂的流动和换热规律。全栋梁等[65-67]采用实验和数值模拟两种方法对涡轮叶片层板冷却技术进行了系统的研究,设计并制造了开孔率和内部结构均不同的层板实验件,在改造后的回流式风洞中进行了流阻特性以及冷却有效性的实验,研究了开孔率以及扰流柱形状对流阻特性的影响。设计制造了不同绕流形式的镶嵌式层板冷却叶片,在小型叶栅传热风洞中进行了流阻特性和冷却特性的实验研究,运用流固耦合传热计算方法分别在实验条件下以及叶片的真实工作条件下对层板实验件进行了内部流动情况和换热规律的研究。

上海交通大学牛禄[68]对液体火箭发动机的层板再生冷却技术进行了研究,建立了层板再生冷却推力室二维流固耦合传热过程的数理模型,对液体火箭发动机层板再生冷却湍流流动传热的三维效应进行研究,提出了液体火箭发动机再生冷却通道内的三维流动传热计算方法,并利用这一方法对某缩尺度推力室的再生冷却传热过程进行了数值模拟;在国内首次对大高宽比层板再生冷却通道的流动和对流换热特性进行了实验研究,为层板再生冷却推力室大高宽比冷却通道的设计提供了必要的理论方法和初步的实验依据。杨卫华等[69-70]从实验研究和理论分析两个角度对层板发汗冷却的基础理论及实际应用展开了探索,进行了层板发汗冷却剂调节板片一次调节弯曲矩形截面微小通道流阻特性的实验研究以及散布流道变截面微小直通道流动及传热特性的实验研究设计,并研究了不同几何尺寸的冷却剂散布流道的流动及传热特性,完成了一次调节通道流阻特性的数值模拟;采用流固耦合的计算方法分析了层板发汗冷却推力室层板板片的传热特性,提出了再生 - 发汗双模式冷却推力室的概念并进行了方案设计、分析论证工作。

国防科技大学刘伟强等[71-72]在对多孔材料和层板发汗冷却结构温度场的研究方法进行分析归纳的基础上,通过对边界条件的合理处理得出了层板推力室结构定常温度场的系列算法,并以此为基础提出了整个室壁非定常二维轴对称温度场的计算模型与计算方法,构成了层板发汗冷却室壁温度场的快速估算解析计算和数值计算等方法;而且针对应用薄板稳定性理论,提出了发汗冷却推力室的层板结构在一定工作条件下会出现受热皱损的观点。2008 年,张峰[73]基于微观尺度理论数值分析了散布流道的传热特性,研究了层板交错孔隙珠状发汗的蒸发与燃烧速率,研究了层板交错分层发汗缝隙结构中的发汗介质流动和燃烧特性,并对典型层板发汗冷却的结构层板进行热力耦合特性研究及试验验证,为指导相关的混合器和燃烧装置方面的设计工作提供理论基础和设计参考。

通常,控制层板、散布层板的厚度很小,通道内的流动与换热存在着微尺度效应。当冷却剂入口压力一定时,可通过调节冷却剂在主控制流道和二次控制流道的实际流通距离来调节冷却剂流量。高温燃气对发汗冷却剂的换热主要在散布流道内进行,因此探讨层板通道内流动和换热微尺度效应、研究控制通道的流阻特性和散布流道内的冷却剂换热特性,对推力室的安全有重要意义。在微尺度系统中,由于流体的流动与传热表现出的现象与宏观的大尺度流动以及流体与表面的相互作用有着很大的差异而越来越受到国内外学者的广泛关注。当流场的特征尺寸为微米或亚微米量级时,流体在固壁的速度滑移和温度跳跃以及热蠕动、动电学效应、黏性加热、反常扩散甚至量子论和化学效应可能在流体中占据主导地位,从而导致反常的微尺度流动现象。一般来讲,流体的相态不同对于微尺度流动与传热影响的主要因素也不同。对于气体而言,流动和传热的反常现象具有四个重要影响因素:稀薄效应、可压缩效应、黏性加热、热蠕变。在研究微尺度气体流动特征时,气体的稀薄效应是主要影响因素;而微尺度液体的流动则主要是受到表面力和分子间作用力的影响。因此,在这些微尺度系统中需要考虑微尺度效应的影响,一些在宏观尺度可以忽略的因素,在微尺度的情况下却成为主要的影响因素。例如,表面积与体积的比值,在传热问题研究中是非常重要的影响因素;液体与固壁面之间的表面张力对液体在微槽道中的流型和流量具有直接的影响。

通常情况下,微通道的结构比较简单,其内部流动以层流为主,在高雷诺数时可能会出现湍流。早在 20 世纪初,Karniadakis[74]、Gaede 等就进行了微通道内的气体流动实验。但是,受到当时实验设备精度不高、实验手段具有局限性等因素的制约,研究者对于微尺度通道的研究更多是定性的分析。随着微机电技术的不断提高,从 20 世纪 80 年代后期开始,研究者对微通道内的流动和换热特性进行了更详细的研究。90 年代初,Pfahler 等[75]和 Harley 等[76]对雷诺数范围

为 $0.5 \leqslant Re \leqslant 20$ 的微通道内的气体流动进行了实验研究,分析了气体稀薄效应对出口压降和摩擦系数的影响。1993 年,Arkilic 等[77-78]对长度 $L = 7.5\text{mm}$,宽度 $W = 52.25\mu\text{m}$,高度 $H = 1.33\mu\text{m}$ 的微通道内的氩气流动进行了实验,获得了一组高精度数据。

1995 年,清华大学的江小宁[79]对直径 $D = 8 \sim 42\mu\text{m}$ 的微尺度直管道内的液体进行了实验研究,所得实验结果与理论计算非常吻合,且流动符合宏观流动规律。2001 年,中国科技大学的秦丰华等[80]对直径 $D = 17.6 \sim 17.9\mu\text{m}$,长度 $L = 10 \sim 70\text{mm}$ 的微圆管道内的氮气和氦气流动进行了实验,研究了低马赫数下气体的可压缩性。此外,清华大学的过增元院士[81]及其学生一直致力于微细尺度流动及传热问题的研究。1997 年,邬小波和过增元[82]用数值计算的方法研究了微细管内流动和换热特性,并提出需要考虑流体压缩性对速度剖面的影响。1999 年,杜东兴等[83]利用数值计算的方法研究了微细管内压力功及黏性耗散对可压缩流体绝热流动特性的影响。

Cai 等[84]、中国科学院力学所的樊菁和沈青[85]以及 Carlson 等[86]采用改进的 DSMC - IP 法对微通道内的气体流动进行了探索性的研究。2004 年,Cai 等[84]采用连续介质与 DSMC - IP 耦合的方法对微通道内稀薄气体流动进行了数值模拟,并发现耦合方法的计算结果要明显优于由单纯的连续介质方法或单纯的 DSMC 方法得到的结果。

2007 年,中科院的祁志国[87]基于 DSMC 方法对微尺度下单组分气体、两种气体混合流动和换热等问题进行了模拟分析,并从分子运动的观点讨论其物理机理;对微尺度下气体流动和常规尺度下的稀薄气体流动问题进行分析;为了保证 DSMC 方法应用于微尺度研究中的有效性,讨论了流动的相似性条件;对微槽道流动、方腔流动进行了数值模拟,讨论和分析了其基本流动问题。在此基础上,他对两种气体混合流动现象进行研究,对结果的分析中发现气体的进入速度对两种气体的混合距离影响明显,并且对完全混合后的单种气体所占比例影响很大。

2010 年,华中科技大学的郑林[88]基于多松弛格子 Boltzmann 模型的思想完善了格子 Boltzmann 方法(Lattice Boltzmann Method,LBM)在传热、传质方面的相关理论,在此基础上对微尺度传热传质的 LBM 的两个关键问题进行了研究,并且对微尺度传热传质的前沿问题进行了有益的探索。他提出了两种边界处理格式,即平衡态与镜面反射的组合边界条件以及平衡态与反弹的组合边界条件;详细地分析了二维或三维微管道流动与传热传质的 LBM 边界处理格式并发现了离散效应,同时也给出相应的正确处理格式。他基于理论方面提出的基本模型成功捕捉了微尺度反常热蠕动现象,并且发现非耦合热模型不能捕捉热蠕动现象。

综上所述,相比于国外较成熟的技术现状,国内的太阳能热推进研究还主要集中于系统的设计和流场的仿真,实验研究很少。我国对关键的光热转换构型和高效换热构型缺乏深入研究,要实现该技术在上面级推进系统中的应用,仍需要做大量的机理研究工作和具体的创新设计工作。

1.2.3 太阳能热推力器推进剂研究

太阳能热推进系统最理想的推进剂是氢气,因为其摩尔质量为 2g/mol,在同样的加热温度下比其他推进剂可以获取的比冲要明显高出很多。在早期的太阳能热推进技术研究中多以氢气作为研究工质,美国的 ISUS 系统就对氢气进行了较为全面的实验和仿真研究[89-90]。

但是氢气在空间中存在所需贮箱体积大(液态储存密度为 71kg/m³)、不易储存的缺点。ISUS 系统设计了复杂的液氢储存与供应系统,贮箱采用多层隔热设计,防止其压力偏离额定值,并采用零重力热力学通风系统整合了液体采集仪器,起到过冷效果,因此贮箱不需要配备增压系统,液氢通过系统内部的热交换全部转化为氢气,没有两相流的存在,系统内包括液氢的调节器和预加热器,设计工况为质量流量 1.667g/s,入口压力 0.2MPa。该供应系统质量大,本身就占据了 ISUS 系统质量很大的比例,这是制约氢气推进剂应用的主要原因[91-95]。

氨气具有适中的摩尔质量 17g/mol,存储密度 600kg/m³,液氨储存所需的技术简单且成本低廉,因此在当前液氢空间储存技术还未成熟的情况下,把氨气作为推进剂是一种比较理想的选择。在太阳能热推进系统的工作温度下,氨气离解后的混合物由原子和分子组成,由于温度低(小于 3 000K),可完全忽略离子的存在。振动激发只考虑氮分子和氢分子,它们具有稳定的振动激发水平,应用多温度模型是一种有效的方法,其计算量也可以接受。对于热化学非平衡电离流动,采用双温度或三温度模型发展了一个相当完整的理论模型。对电离非平衡高超声速流动的模拟通常是弱电离流动进行,大多数工作是通过双温度物理模型计算研究离解电离空气流动。太阳能热推进系统氨气工质的离解流动采用多温度模型进行数值模拟更加精确,而国外对氨气离解反应的反应动力学已经进行了深入的仿真和实验研究,可以提供丰富的氨气离解反应模型。

1990 年,Davidson 等[96]进行了一系列氨气高温离解实验,温度范围为 2 200~3 200 K,压力范围为(81.06~111.457 5)kPa。在这种条件下,氨气在 1ms 的滞留时间内就完全耗尽。利用窄线宽激光吸收机制,测量了氨气在激波中的高温离解产物 NH 和 NH_2 随时间的变化规律;建立了详细的氨气高温离解机制模型,包括 21 个自由基反应,确定了主要反应的速率常数。这些研究对于分析氨气离解的中间产物(NH、NH_2 和 N_2H_2 等)和趋势具有很大的指导意义。

2000 年,Konnov 等[97]研究了氨气高温离解的动力学模型。通过敏感度分析找出决定建模质量的关键化学反应,探讨了反应速率常数的选择,发现只有反应 $NH_3 + NH_2 \Longleftrightarrow N_2H_3 + H_2$ 的速率常数极大地减小才能够提高模型与实验数据的一致性。在 2 200 ~ 2 800 K 的温度范围内,该反应的最佳速率常数值应取 $k = 1.0 \times 10^{11} T^{0.5} e^{-21600/RT}$。若采用反应 $NH_3 + NH_2 \Longleftrightarrow N_2H_3 + H_2$,并且反应机理中考虑与 N_2H_3 和 N_2H_4 的反应,将对 NH 和 NH_2 组分的计算上升时间和峰值浓度产生很大影响;同时因为 N_2H_3 和 N_2H_4 在氨气离解产物中所占的比例很少,所以排除了涉及 N_2H_3 和 N_2H_4 的反应。

1996 年,Chambers 等[98]研究了氨气在气化炉的煤气氛围中的分解特性,并与氮气氛围中的氨气分解进行对比。研究表明氧化钙可加速氨气在氮气氛围中的分解,特别是加速 NH_3 和 NO 的化学反应,氮气氛围和气化炉典型气体组分均在 900℃下进行了研究,在气化炉组分中氧化钙失去了催化活性,提升总压会进一步降低氨气的分解速率,气化炉氛围中氧化钙加强了 NO 向 NH_3 的转化。

2001 年,Monnery 等[99]研究了氨气在 Claus 炉温度下的高温离解和氧化机制,通过获取的实验数据改进了氨气高温离解和氧化的反应速率公式。高温离解反应速率公式与实验数据的吻合度在 13% 以内,氨气氧化反应速率公式与实验数据的吻合度在 10% 以内。

2004 年,Darcy 和 Pavlos[100]研究了以氨气为推进剂的脉冲感应推力器,采用双温度热化学模型进行了数值模拟,在温度和密度方面扩展了原有磁流体动力学代码的使用范围,并在推进剂组分和热力学性质方面与其他模型进行了对比。

2005 年,Colonna 等[101]研究了以氨气为推进剂的喷管流动,建立了氨气在超音速喷管流动的动力学模型,发现推力器性能取决于氨气的离解度。氨气的离解以 2 500 K 为分界点。在小于 2 500 K 的情况下,氨气的离解很慢,内部状态基本可以忽略;而在 3 000 ~ 5 000 K 的情况,氨气的离解和振动激发能变得很重要。

2006 年,Dagmar 等[102]设计了 1kW 级电弧推力器的氨气推进剂供应系统,并进行了实验验证,结合数值模型和真空实验给出了流道直径的设计公式,对太阳能热推力器的氨气供应系统具有重要的参考意义。

第二章　物理建模与基本方法

2.1　引言

太阳能热推进系统由聚光器、推力器和推进剂供应系统组成,为提高系统的换热效率,本章提出了一体化的再生冷却聚光器与推力室结构,并给出了仿真计算所需的数值方法。

2.2　太阳能热推力器物理模型

2.2.1　太阳能聚光器性能模型

聚光器是太阳能热推进系统的主要组件,目前国内外多采用旋转抛物面聚光器作为主聚光器,采用折射式二次聚光器进行二次聚光,通过两级聚光提高汇聚光斑的温度。旋转抛物面聚光器采用多轴转动的日光反射装置,将太阳光反射至聚光器,提高系统对太阳的追踪能力。折射式二次聚光器放置于抛物面的焦点处,利用聚光器汇聚的太阳辐射直接加热吸收器/推力室。

太阳能热推进系统的吸收器的平衡温度 T_r 与聚光比 C 之间的关系为[37]:

$$T_r = \left[\frac{(\eta_o - \eta_c)I}{\sigma \varepsilon} \right]^{\frac{1}{4}} C^{\frac{1}{4}} \tag{2.1}$$

吸收器的平衡温度 T_r 是入射辐射强度 I、聚光比 C 和光学效率 η_o 与收集效率 η_c 的函数。由于太阳发射辐射能的特点及日地空间关系基本不变,在地球大气层外的太阳辐射能通量密度大体是固定的,即太阳辐射强度 $I = 1\ 360\ \mathrm{W/m^2}$。光学效率 η_o 是吸收器吸收的热量与入射能量之比;收集效率 η_c 是工质的吸收热量与入射能量之比。$\sigma = 5.6697 \times 10^{-8} \mathrm{W/(m^2 \cdot K^4)}$ 是斯蒂芬 – 波尔兹曼常数，ε 是吸收器的发射率。吸收器平衡温度 T_r 与聚光比 C 之间的关系如图 2.1 所示。

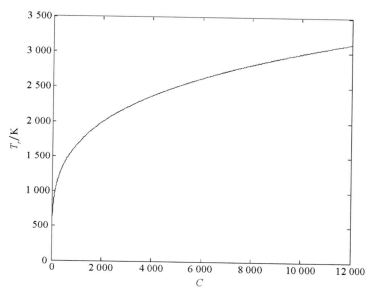

图 2.1 吸收器平衡温度与聚光比关系图

最大聚光比为：

$$C_{\max} = \frac{n}{\sin^2 \theta_{\mathrm{sun}}} \tag{2.2}$$

式中：θ_{sun} 为太阳半角，取值为 $0.25°$；n 为环境折射率。

以吸收器入口孔径为接受面，聚光器边界角为 Φ 时的聚光比可表示为：

$$C_{\max} = \frac{\sin^2 \Phi \cos^2 (\Phi + \theta_{\mathrm{sun}})}{\sin^2 \theta_{\mathrm{sun}}} \tag{2.3}$$

一次聚光器的边界角范围为 $10° \sim 30°$，由此可知二次聚光比在 $4 \sim 36$ 之间。存在一个最优值，使两次聚光后的聚光比最大，同时还要考虑二次聚光器的温度分布。两级总聚光比与边界角的关系如图 2.2 所示。

因此，利用二次聚光器，较小的边界角可以获得更大的聚光比。若获得的聚光比过大（$30\ 000 \sim 40\ 000$），焦斑的理论温度在 $5\ 000\ \mathrm{K}$ 以上，材料承受不了这样的高温。实际上光线会在吸收腔内发散开，二次聚光器的出口面积并不是聚光比对应的面积，吸收腔的表面积才是聚光比计算中对应的面积，因此实际操作

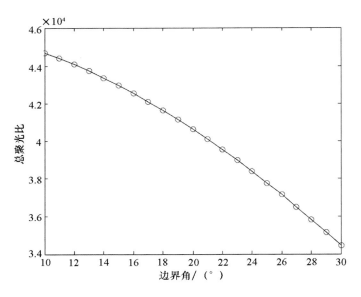

图 2.2 总聚光比与边界角的关系

中并不会达到这么高的温度。经过计算,聚光比实际上约为 8 000 ~ 10 000。这样可以得到一个符合太阳能热推进系统要求的总聚光比,温度在材料的承受范围之内。比如日本国家实验室研制的 STP,其聚光器的理论聚光比约为 8 600,实验中获得的焦斑温度为 2 200K。

2.2.2　一体化的再生冷却聚光器与推力室结构

太阳能热推力器分为吸收器、换热芯、喷管和隔热层等模块,采用辐射换热和对流换热方式加热推进剂。推力室的构型设计包括太阳光导入推力室的链路及推进剂吸收和沉积能量、推力产生的构型。在能量向工质高效率沉积、工质能量向推力高效率转化等目标的约束下,光学链路与工质注入流道、加热室、推力器构型之间紧密耦合,相互影响。层板高效换热流道构型设计和再生冷却聚光器与推力室的一体化设计都是提高系统换热效率的重要手段。

采用再生冷却的方法,使推进剂进入高温换热流道之前先在吸收腔内流动,对 RSC 起到一定的冷却作用,同时又预热了推进剂,提高了太阳能的利用效率。RSC 与推力室的一体化设计如图 2.3(a)所示,推进剂进入吸收腔之后,流过一个多孔套筒后起到均匀分流的作用,使推进剂均匀冷却 RSC,同时也加热推进剂,推进剂流动线路如图 2.3(b)所示。

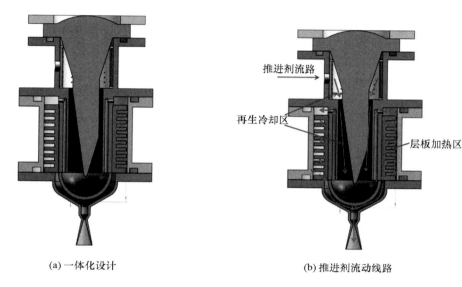

(a) 一体化设计　　　　　　　　　(b) 推进剂流动线路

图 2.3　再生冷却 RSC 与推力室的一体化设计及推进剂流动线路图

在设计工况下,推进剂流过各组件区域的温度和压力变化曲线如图 2.4 所示。

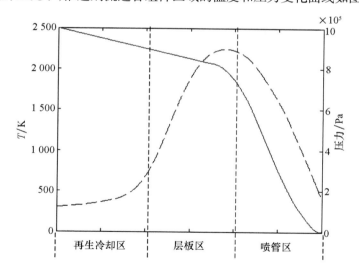

图 2.4　推进剂流过各组件区域的温度和压力变化曲线

通过特殊的横向螺纹状表面,有效降低内筒内壁对太阳光的反射,再通过光谱选择性吸收涂层提高吸热效率。已发现有过渡金属和半导体材料具有本征的选择性太阳吸收性质。其中,HfC 在太阳光谱区吸收率很高,且 HfC 的熔点很高,因此可以作为高温下的太阳辐射吸收表面。此外,表面织构化是获得选择性捕集太阳能的一项有效技术。合适的织构表面相对太阳波长似乎是粗糙的,因而能吸收更多的太阳能。比如,把表面褶皱成一系列"V"字形就可以把太阳吸收率增加到接近1,采用线网、沟槽、在机械粗糙化的表面上电沉积涂层,在部分真空下蒸发半导体,用溅射和 CVD 粗化表面等都可使表面织构化以增强对太阳光的吸收。

2.2.3 太阳能热推进系统参数

太阳能热推进系统主要由太阳光收集与传输分系统、吸收器/推力室分系统、推进剂供应分系统等组成,设计方案示意图如图2.5 所示。按照设计要求,太阳光经过两级聚光器汇聚后加热氢工质温度需达到 2 000K 以上,比冲达到800s,推力不小于0.5N。地面试验时,太阳能热推力器和二次聚光器均放置在真空舱内。一次汇聚后的太阳光透过真空舱上的石英玻璃后,被二次聚光器再次汇聚,进入吸收腔内加热推力器。推进剂供应系统分为吹除气体 N₂ 和推进剂

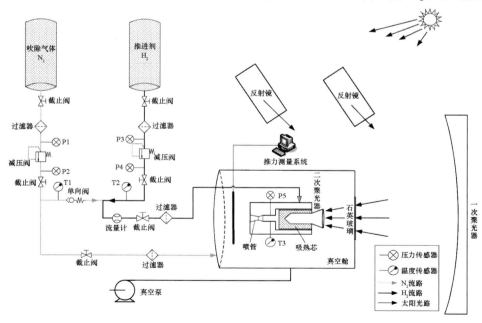

图 2.5 太阳能热推进实验系统示意图

H$_2$两路。

推力器的性能由比冲来衡量[103-104]：

$$I_{sp} = \frac{F}{mg} \tag{2.4}$$

式中：F 为推力器的推力；$\dot{m}$ 为推进剂的质量流量。

推力定义为：

$$F = \dot{m}u_e + (p_e - p_a)A_e \tag{2.5}$$

其中：

$$u_e = \sqrt{\frac{2\gamma RT_c}{(\gamma - 1)M}\left[1 - \left(\frac{p_e}{p_c}\right)^{\frac{\gamma-1}{\gamma}}\right]} \tag{2.6}$$

比冲可表示为：

$$I_{sp} = \sqrt{\frac{2\gamma RT_c}{(\gamma - 1)g^2 M}\left[1 - \left(\frac{p_e}{p_c}\right)^{\frac{\gamma-1}{\gamma}}\right]} \tag{2.7}$$

推力器功率为：

$$P = \frac{1}{2}Fu_e \tag{2.8}$$

通过计算和比较不同推力室压力条件下的推力器参数,确定了推力室参数,如表 2.1 所示。在 5.6kW 和 6.0kW 两种不同的太阳能功率条件下,推力室工质温度分别达到 2 368K 和 2 557K。前者推力器换热效率为 89.8%,推力和比冲分别为 0.575N 和 335.3s。后者推力器换热效率为 88.1%,推力和比冲分别为 0.575N 和 339.2s。

表 2.1　推力器设计参数

参数	工况一	工况二
氨气入口压强/10^5Pa	8	8
氨气入口温度/K	300	300
主聚光器直径/m	2.30	2.38
太阳能功率/kW	5.6	6.0
喷管喉部直径/mm	0.9	0.9
喷管扩张段扩张角/(°)	15	15
喷管扩张段膨胀比	100	100

（续表）

参数	工况一	工况二
推力室氢气温度/K	2 368	2 557
推力/N	0.575	0.575
比冲/s	335.3	339.2
质量流量/($10^{-4}\mathrm{kg \cdot s^{-1}}$)	1.75	1.73
换热效率/%	89.8	88.1
喷管效率/%	96.0	96.0
推力器效率/%	86.2	84.6

2.3　数值计算方法

2.3.1　流动控制方程

流体运动所遵循的基本方程组——Navier-Stokes 方程组,简称 NS 方程。在直角坐标系下,三维守恒形式的 NS 方程可写为:

$$\frac{\partial \boldsymbol{Q}}{\partial t} + \frac{\partial \boldsymbol{E}}{\partial x} + \frac{\partial \boldsymbol{F}}{\partial y} + \frac{\partial \boldsymbol{G}}{\partial z} = \frac{\partial \boldsymbol{E_u}}{\partial x} + \frac{\partial \boldsymbol{F_v}}{\partial y} + \frac{\partial \boldsymbol{G_w}}{\partial z} \tag{2.9}$$

其中各项为:

$$\boldsymbol{Q} = \begin{bmatrix} \rho \\ \rho u \\ \rho v \\ \rho w \\ E_t \end{bmatrix}; \boldsymbol{E} = \begin{bmatrix} \rho u \\ P + \rho u^2 \\ \rho uv \\ \rho uw \\ (P + E_t)u \end{bmatrix}; \boldsymbol{F} = \begin{bmatrix} \rho v \\ \rho uv \\ P + \rho v^2 \\ \rho vw \\ (P + E_t)v \end{bmatrix}; \boldsymbol{G} = \begin{bmatrix} \rho w \\ \rho uw \\ \rho vw \\ P + \rho w^2 \\ (P + E_t)w \end{bmatrix};$$

$$\boldsymbol{E_u} = \begin{bmatrix} 0 \\ \tau_{xx} \\ \tau_{xy} \\ \tau_{xz} \\ u\tau_{xx} + v\tau_{xy} + w\tau_{xz} + q_x \end{bmatrix}; \boldsymbol{F_v} = \begin{bmatrix} 0 \\ \tau_{xy} \\ \tau_{yy} \\ \tau_{yz} \\ u\tau_{xy} + v\tau_{yy} + w\tau_{yz} + q_y \end{bmatrix}; \boldsymbol{G_w} = \begin{bmatrix} 0 \\ \tau_{xz} \\ \tau_{yz} \\ \tau_{zz} \\ u\tau_{xz} + v\tau_{yz} + w\tau_{zz} + q_z \end{bmatrix}。$$

式中:u、v、w 为 x、y、z 三个方向的速度;P、ρ 分别代表流体的压力和密度;u、v_θ、v_r

为轴向 z、周向 θ 和径向 r 三个方向的速度大小，$\boldsymbol{V} = [\, u\,, v_\theta\,, v_r\,]^{\mathrm{T}}$。

单位质量流体的总能量为：

$$E_t = \rho \Big[e + \frac{1}{2} (u^2 + v^2 + w^2) \Big]$$

式中：e 为单位质量流体的比内能。

在以上各向量中，剪切应力大小 τ_{ij} 及热传导项 q_i 的具体表达式如下：

$$\tau_{xx} = \mu \Big[-\frac{2}{3} (\nabla \cdot \boldsymbol{V}) + 2 \frac{\partial u}{\partial x} \Big]$$

$$\tau_{yy} = \mu \Big[-\frac{2}{3} (\nabla \cdot \boldsymbol{V}) + 2 \frac{\partial v}{\partial y} \Big]$$

$$\tau_{zz} = \mu \Big[-\frac{2}{3} (\nabla \cdot \boldsymbol{V}) + 2 \frac{\partial w}{\partial z} \Big]$$

$$\tau_{xy} = \tau_{yx} = \mu \Big[\frac{\partial u}{\partial y} + \frac{\partial v}{\partial x} \Big]$$

$$\tau_{xz} = \tau_{zx} = \mu \Big[\frac{\partial u}{\partial z} + \frac{\partial w}{\partial x} \Big]$$

$$\tau_{yz} = \tau_{zy} = \mu \Big[\frac{\partial v}{\partial z} + \frac{\partial w}{\partial y} \Big]$$

$$\nabla \cdot \boldsymbol{V} = \frac{\partial u}{\partial x} + \frac{\partial v}{\partial y} + \frac{\partial w}{\partial z}$$

$$q_x = -\lambda \frac{\partial T}{\partial x}, q_y = -\lambda \frac{\partial T}{\partial y}, q_z = -\lambda \frac{\partial T}{\partial z}$$

式中：λ 为流体的热传导系数；T 为流体的温度。

对于完全气体来说，内能只是温度的线性函数，$e = \dfrac{1}{\gamma - 1} \dfrac{P}{\rho}$，其中 γ 为气体的比热比。以上这些式子加上完全气体状态方程 $P = \rho RT$ 就构成了一个封闭的方程组。

2.3.2　湍流模型

在湍流区域，反映湍流脉动量对流场影响的湍流动能方程和湍流应力方程可通过可实现的 $k - \varepsilon$ 方程得到，其形式为：

$$\rho \frac{\partial k}{\partial t} = \frac{\partial}{\partial x_i} \Big[\Big(\mu + \frac{\mu_t}{\sigma_k} \Big) \frac{\partial k}{\partial x_i} \Big] + G_k + G_b - \rho \varepsilon - Y_M \qquad (2.10)$$

$$\rho \frac{\partial \varepsilon}{\partial t} = \frac{\partial}{\partial x_i} \Big[\Big(\mu + \frac{\mu_t}{\sigma_\varepsilon} \Big) \frac{\partial \varepsilon}{\partial x_i} \Big] + \rho C_1 S \varepsilon - \rho C_2 \frac{\varepsilon^2}{k + \sqrt{v\varepsilon}} + C_{1\varepsilon} \frac{\varepsilon}{k} C_{3\varepsilon} G_b \qquad (2.11)$$

式中:ε 为湍流动能耗散率;G_k 为平均速度梯度对湍动能 k 产生项的贡献;G_b 为浮力对湍动能 k 产生项的贡献,本书不考虑重力作用,故 $G_b = 0$;Y_M 为可压缩流的脉动膨胀对总耗散率的贡献;$C_1 = \max \left| 0.43, \dfrac{\eta}{\eta + 5} \right|$,$\eta = Sk/\varepsilon$;$C_{1\varepsilon}$,$C_2$,$\sigma_k$,$\sigma_\varepsilon$ 为经验常数,取值分别为 $C_{1\varepsilon} = 1.44$,$C_2 = 1.9$,$\sigma_k = 1.0$,$\sigma_\varepsilon = 1.3$。

2.3.3　固体传热模型

固体区域采用能量输运方程,固体结构的导热满足傅里叶定律[105-107],稳态情况下的微分方程为:

$$\frac{\partial^2 T}{\partial x_j \partial x_j} = 0 \tag{2.12}$$

式中:T 为固体温度。

基于有限元方法的能量平衡方程为:

$$\boldsymbol{KT} = \boldsymbol{Q} \tag{2.13}$$

式中:$\boldsymbol{K}$ 为传导矩阵,包括导热系数和对流系数;$\boldsymbol{T}$ 为节点温度向量;$\boldsymbol{Q}$ 为节点热流率向量。

2.3.4　辐射传热模型

射线在介质中传输时,由于介质的吸收及散射,能量逐渐衰减。对于一束沿 x 方向传输,光谱辐射强度为 I_λ 的射线,根据 Beer 定律,光谱辐射强度沿传递路程按指数规律衰减[108-110]:

$$I_{\lambda,L} = I_{\lambda,0} \exp\left[-\int_0^L \beta_\lambda(x)\,\mathrm{d}x \right] \tag{2.14}$$

式中:$I_{\lambda,L}$ 为 $x = L$ 处的光谱辐射强度;$I_{\lambda,0}$ 为 $x = 0$ 处的光谱辐射强度;β_λ 为光谱衰减系数,单位为 m^{-1}。β_x 由以下两部分组成:

$$\beta_\lambda(x) = \kappa_\lambda(x) + \sigma_{s\lambda}(x) \tag{2.15}$$

式中:κ_λ 为光谱吸收函数;$\sigma_{s\lambda}$ 为光谱散射函数。

RSC 选用蓝宝石单晶材料加工而成,吸收太阳光谱的能量少。单晶材料对于所有波长小于 $5\,\mu\mathrm{m}$ 的太阳光谱来讲,理论上是透明的,即无吸收损失;但波长大于 $5\,\mu\mathrm{m}$ 的太阳光谱将被单晶材料吸收,造成的能量损失约为 0.5%,对该部分太阳光谱和红外辐射属于非灰半透明材料。因此,谱带模型可简化为两个对该辐射换热过程进行模拟,即以 $5\,\mu\mathrm{m}$ 波长作为谱带划分节点。

RSC 介质在位置 s,辐射传输方向 h 上的辐射传输方程为:

$$\frac{\mathrm{d}I_\lambda(s,h)}{\mathrm{d}s} = -\beta_\lambda(s)I_\lambda(s,h) + S_\lambda(s,h_i) \tag{2.16}$$

式中:β_λ 为衰减系数,表示吸收光谱与散射射出光谱之和;S_λ 为辐射源函数,它包含了发射源与空间各方向入射引起的散射源,主要是入射汇聚的太阳光,则:

$$S_\lambda(s,s) = \kappa_\lambda(s)I_{b\lambda}(s) + \frac{\sigma_{s\lambda}(s)}{4\pi}\int_{\Omega_i=4\pi} I_\lambda(s,s_i)\Phi_\lambda(s_i,s)\mathrm{d}\Omega_i \tag{2.17}$$

RSC 的界面属于选择性界面,对于小于 $5\,\mu\mathrm{m}$ 的太阳光谱,界面内外两侧的光谱辐射强度相等;对于大于 $5\,\mu\mathrm{m}$ 的太阳光谱,界面的辐射强度为两部分之和,一部分是环境投射辐射的穿透部分,另一部分是介质侧界面的反射辐射,同时由于界面为镜面,则:

$$I^+(0,\mu) = \left(\frac{n_m}{n_o}\right)^2(1-\rho_o^s)I_o(0,\mu_i) + 2\rho^s I^-(0,-\mu) \tag{2.18}$$

式中:$\mu_i = \cos\theta_i$,θ_i 为环境投射辐射的入射角;n 为折射率,下标 o 表示界面外侧,下标 m 表示界面内侧;ρ^s 表示镜面反射率。

RSC 与吸收腔壁面的非稳态导热微分方程为:

$$\rho c\frac{\partial \boldsymbol{T}}{\partial \tau} = \frac{1}{r}\,\frac{\partial}{\partial r}\left(\lambda r\frac{\partial \boldsymbol{T}}{\partial r}\right) + \frac{1}{r^2}\,\frac{\partial}{\partial \varphi}\left(\lambda\frac{\partial \boldsymbol{T}}{\partial \varphi}\right) + \frac{\partial}{\partial z}\left(\lambda\frac{\partial \boldsymbol{T}}{\partial z}\right) \tag{2.19}$$

式中:λ 为导热系数;ρ 为材料密度;c 为材料的比热。

本书使用离散坐标法(Discrete Ordinate,DO)辐射模型,采用流固耦合的方法,模拟了吸收腔内的辐射传热过程与推进剂流动过程。由于辐射表面之间有介质流动,同时折射式二次聚光器属于非灰半透明介质,也参与太阳光辐射的传输和吸收。且太阳辐射的发射和吸收都需要采用非灰介质模型,DO 模型可以使用灰带模型计算非灰体辐射,简化计算,因此 DO 辐射模型比较适合此问题的解决。离散坐标法又名 S_N 方法,将传输方程(对黑体或基于光谱)转化为一系列偏微分方程,理论上可应用于任意阶数和精度。

离散坐标法基于对辐射强度的方向变化进行离散,通过求解覆盖整个全球空间(4π)立体角上一系列离散方向上的辐射传递方程而得到问题的解。

在三维直角坐标系下,采用离散坐标法,式(2.17)右端积分项近似由一数值积分代替,并在离散的方向上对辐射传递方程求解:

$$\xi^m\frac{\partial I_k^m}{\partial x} + \eta^m\frac{\partial I_k^m}{\partial y} + \mu^m\frac{\partial I_k^m}{\partial z} = -\beta_k I_k^m + \kappa_k I_{bk}(s) + \frac{\sigma_{sk}}{4\pi}\left[\sum_{l=1}^{N\Omega} w^l I_k^l \Phi_k^{m,l}\right]$$

$$\tag{2.20}$$

式中:辐射传输方向的方向余弦 ξ^m,η^m,μ^m 及积分常数 w^l 的取值受一定条件的约束;上角标 l、m 分别表示空间方向离散的第 l 个和第 m 个立体角,$l,m=1,2,$ $\cdots,N\Omega$;$N\Omega$ 为 4π 空间方向离散的立体角总数;$\Phi_k^{m,l}=\Phi_k(\Omega^m,\Omega^l)$ 为离散后的散射相函数。

对不透明、漫发射、漫反射边界壁面(下标 w 表示壁面),相应的边界条件为:

$$I_{k,w}(s)=\varepsilon_{k,w}I_{bk,w}+\frac{1-\varepsilon_{k,w}}{\pi}\int_{n_w\cdot s_i<0}I_{k,w}(s_i)\,|\,\boldsymbol{n}_w\cdot s_i\,|\,\mathrm{d}\Omega_i \qquad (2.21)$$

式中:$\varepsilon_{k,w}$ 为壁面谱带发射率;$\boldsymbol{n}$ 为壁面法向矢量。

若介质的折射率 $n_k=n=1$,对方程(2.21)进行离散,得:

$$I_{k,w}^m=\varepsilon_{k,w}\frac{\sigma B_{k,T_w}T_w^4}{\pi}+\frac{(1-\varepsilon_{k,w})}{\pi}\sum_{n_w\cdot s_l<0}w^l I_{k,w}^l\,|\,\boldsymbol{n}_w\cdot s_l\,|\quad(n_w\cdot s_m>0)$$

$$(2.22)$$

$$B_{k,T_w}=\int_{\Delta\lambda_k}E_{b\lambda}(T_w)\,\mathrm{d}\lambda\Big/\Big[\int_0^\infty E_{b\lambda}(T_w)\,\mathrm{d}\lambda\Big] \qquad (2.23)$$

式中:B_{k,T_w} 为壁面温度 T_w 下谱带模型 k 区域内辐射能占总辐射能的比例。

如图 2.6 所示,用方向矢量 $\boldsymbol{r}^m$ 定义每个立体角的中心,下标 E,W,S,N,T,B 表示与控制体 P 相邻的各控制体中心节点,下标 e,w,s,n,t,b 表示控制体 P 的各边界,则控制体上积分式可表示为式(2.24)。

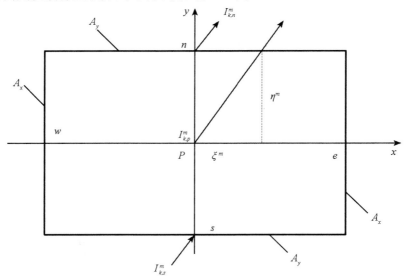

图 2.6　离散坐标法计算模型

$$\xi^m A_x(I_{k,e}^m - I_{k,w}^m) + \eta^m A_y(I_{k,n}^m - I_{k,s}^m) + \mu^m A_z(I_{k,t}^m - I_{k,b}^m) = $$
$$-\beta_k I_{k,P}^m V_P + \kappa_k I_{bk,P} V_P + \frac{\sigma_{sk}}{4\pi}\Big[\sum_{l=1}^{N\Omega} w^l I_{k,P}^l \Phi_k^{m,l}\Big] V_P \qquad (2.24)$$

式中：V_P 为控制体体积，$V_P = A_x A_y A_z$。

在辐射传热中，n 阶矩一般定义为：

$$\int_{\Omega=4\pi} f(s) s^n \mathrm{d}\Omega \qquad (2.25)$$

则零阶矩和一阶矩可分别表示为：

$$\int_{\Omega=4\pi} f(s) \mathrm{d}\Omega, \int_{\Omega=4\pi} f(s) s \mathrm{d}\Omega \qquad (2.26)$$

令 $f(s) = I(s)$，则零阶矩和一阶矩可分别表示为投射辐射 H 和辐射热流密度 q：

$$H = \int_{\Omega=4\pi} I(s) \mathrm{d}\Omega, q = \int_{\Omega=4\pi} I(s) s \mathrm{d}\Omega \qquad (2.27)$$

对应的离散方程分别为：

$$H = \sum_{l=1}^{N\Omega} w^l I^l, q = \sum_{l=1}^{N\Omega} w^l I^l s^l \qquad (2.28)$$

壁面辐射净热流密度的离散方程为：

$$q_w^r = \int_0^\infty \varepsilon_{\lambda,w}\Big[\pi I_{b\lambda,w} - \int_{n_w \cdot s_i < 0} I_{\lambda,w}(s_i)\,|n_w \cdot s_i|\mathrm{d}\Omega_i\Big]\mathrm{d}\lambda = $$

$$\sum_{k=1}^{M_b} \varepsilon_{k,w}\Big(E_{bk,w} - \sum_{n_w \cdot s_i < 0} w^l I_{k,w}^l |n_w \cdot s_l|\Big) = \sum_{k=1}^{M_b} \varepsilon_{k,w}\Big(B_{k,T_w}\sigma T_w^4 - \sum_{l=1}^{N\Omega/2} w^l I_{k,w}^l |n_w \cdot s_l|\Big)$$

$$(2.29)$$

式中：M_b 为谱带近似法中辐射特性随波长变化划分的总谱带数。

2.3.5 RSC 热应力计算模型

RSC 由于受热不均匀，内部会产生热应力，当热应力过大时，会引起 RSC 的破裂。应力应满足如式（2.30）所示的协调方程[111]。

$$\begin{cases} \dfrac{\partial^2 \varepsilon_{xx}}{\partial y^2} + \dfrac{\partial^2 \varepsilon_{yy}}{\partial x^2} = 2 \dfrac{\partial^2 \varepsilon_{xy}}{\partial x \partial y} \\[2mm] 2 \dfrac{\partial^2 \varepsilon_{xx}}{\partial y \partial z} = \dfrac{\partial}{\partial x} \left(-\dfrac{\partial \varepsilon_{yz}}{\partial x} + \dfrac{\partial \varepsilon_{zx}}{\partial y} + \dfrac{\partial \varepsilon_{xy}}{\partial z} \right) \\[2mm] \dfrac{\partial^2 \varepsilon_{yy}}{\partial z^2} + \dfrac{\partial^2 \varepsilon_{zz}}{\partial y^2} = 2 \dfrac{\partial^2 \varepsilon_{yz}}{\partial y \partial z} \\[2mm] 2 \dfrac{\partial^2 \varepsilon_{yy}}{\partial z \partial x} = \dfrac{\partial}{\partial y} \left(-\dfrac{\partial \varepsilon_{zx}}{\partial y} + \dfrac{\partial \varepsilon_{xy}}{\partial z} + \dfrac{\partial \varepsilon_{yz}}{\partial x} \right) \\[2mm] \dfrac{\partial^2 \varepsilon_{zz}}{\partial x^2} + \dfrac{\partial^2 \varepsilon_{xx}}{\partial z^2} = 2 \dfrac{\partial^2 \varepsilon_{zx}}{\partial z \partial x} \\[2mm] 2 \dfrac{\partial^2 \varepsilon_{zz}}{\partial x \partial y} = \dfrac{\partial}{\partial z} \left(-\dfrac{\partial \varepsilon_{xy}}{\partial z} + \dfrac{\partial \varepsilon_{yz}}{\partial x} + \dfrac{\partial \varepsilon_{zx}}{\partial y} \right) \end{cases} \quad (2.30)$$

作用于各面上的应力分量应满足以下平衡微分方程:

$$\begin{cases} \dfrac{\partial \sigma_{xx}}{\partial x} + \dfrac{\partial \sigma_{yx}}{\partial y} + \dfrac{\partial \sigma_{zx}}{\partial z} + X = \rho \dfrac{\partial^2 u_x}{\partial t^2} \\[2mm] \dfrac{\partial \sigma_{xy}}{\partial x} + \dfrac{\partial \sigma_{yy}}{\partial y} + \dfrac{\partial \sigma_{zy}}{\partial z} + Y = \rho \dfrac{\partial^2 u_y}{\partial t^2} \\[2mm] \dfrac{\partial \sigma_{xz}}{\partial x} + \dfrac{\partial \sigma_{yz}}{\partial y} + \dfrac{\partial \sigma_{zz}}{\partial z} + Z = \rho \dfrac{\partial^2 u_z}{\partial t^2} \end{cases} \quad (2.31)$$

式中:$\sigma_{xx}, \sigma_{yx}, \sigma_{zx}$ 为微元面积 $\mathrm{d}y\mathrm{d}z$ 上的应力分量;$\sigma_{yx}, \sigma_{yy}, \sigma_{yz}$ 为微元面积 $\mathrm{d}z\mathrm{d}x$ 上的应力分量;$\sigma_{zx}, \sigma_{zy}, \sigma_{zz}$ 为微元面积 $\mathrm{d}x\mathrm{d}y$ 上的应力分量;u_x, u_y, u_z 为变形时某一点的位移分量;X, Y, Z 为体积力分量。

应变由两部分相加:一部分是由于温度变化引起的,另一部分是由于应力引起的。根据胡克定律:

$$\begin{cases} \varepsilon_{xx} = \dfrac{\partial u_x}{\partial x} = \dfrac{1}{E} \left[\sigma_{xx} - \nu(\sigma_{yy} + \sigma_{zz}) \right] + \alpha\tau = \dfrac{1}{2G} \left(\sigma_{xx} - \dfrac{\nu}{1+\nu}\Theta_s \right) + \alpha\tau \\[2mm] \varepsilon_{yy} = \dfrac{\partial u_y}{\partial y} = \dfrac{1}{E} \left[\sigma_{yy} - \nu(\sigma_{xx} + \sigma_{zz}) \right] + \alpha\tau = \dfrac{1}{2G} \left(\sigma_{yy} - \dfrac{\nu}{1+\nu}\Theta_s \right) + \alpha\tau \\[2mm] \varepsilon_{zz} = \dfrac{\partial u_z}{\partial z} = \dfrac{1}{E} \left[\sigma_{zz} - \nu(\sigma_{zz} + \sigma_{yy}) \right] + \alpha\tau = \dfrac{1}{2G} \left(\sigma_{zz} - \dfrac{\nu}{1+\nu}\Theta_s \right) + \alpha\tau \end{cases} \quad (2.32)$$

$$\varepsilon_{xy} = \dfrac{\sigma_{xy}}{2G}, \quad \varepsilon_{yz} = \dfrac{\sigma_{yz}}{2G}, \quad \varepsilon_{zx} = \dfrac{\sigma_{zx}}{2G} \quad (2.33)$$

式中:$\Theta_s = \sigma_{xx} + \sigma_{yy} + \sigma_{zz}$;$E$ 为材料的纵弹性系数;G 为剪切弹性模量;ν 为泊松

比,弹性系数间的关系 $2G = E/(1 + \nu)$。

应力协调方程为:

$$
\begin{cases}
\Delta\sigma_{xx} + \dfrac{1}{1+\nu} \cdot \dfrac{\partial^2 \Theta_s}{\partial x^2} = -\alpha E\left(\dfrac{1}{1-\nu}\Delta\tau + \dfrac{1}{1+\nu} \cdot \dfrac{\partial^2\tau}{\partial x^2}\right) - \left\{\dfrac{\nu}{1-\nu}\left(\dfrac{\partial X}{\partial x} + \dfrac{\partial Y}{\partial y} + \dfrac{\partial Z}{\partial z}\right) + 2\dfrac{\partial X}{\partial x}\right\} \\[4mm]
\Delta\sigma_{yy} + \dfrac{1}{1+\nu} \cdot \dfrac{\partial^2 \Theta_s}{\partial y^2} = -\alpha E\left(\dfrac{1}{1-\nu}\Delta\tau + \dfrac{1}{1+\nu} \cdot \dfrac{\partial^2\tau}{\partial y^2}\right) - \left\{\dfrac{\nu}{1-\nu}\left(\dfrac{\partial X}{\partial x} + \dfrac{\partial Y}{\partial y} + \dfrac{\partial Z}{\partial z}\right) + 2\dfrac{\partial Y}{\partial y}\right\} \\[4mm]
\Delta\sigma_{zz} + \dfrac{1}{1+\nu} \cdot \dfrac{\partial^2 \Theta_s}{\partial z^2} = -\alpha E\left(\dfrac{1}{1-\nu}\Delta\tau + \dfrac{1}{1+\nu} \cdot \dfrac{\partial^2\tau}{\partial z^2}\right) - \left\{\dfrac{\nu}{1-\nu}\left(\dfrac{\partial X}{\partial x} + \dfrac{\partial Y}{\partial y} + \dfrac{\partial Z}{\partial z}\right) + 2\dfrac{\partial Z}{\partial z}\right\} \\[4mm]
\Delta\sigma_{xy} + \dfrac{1}{1+\nu} \cdot \dfrac{\partial^2 \Theta_s}{\partial x\partial y} = -\dfrac{\alpha E}{1+\nu} \cdot \dfrac{\partial^2\tau}{\partial x\partial y} - \left(\dfrac{\partial X}{\partial y} + \dfrac{\partial Y}{\partial x}\right) \\[4mm]
\Delta\sigma_{yz} + \dfrac{1}{1+\nu} \cdot \dfrac{\partial^2 \Theta_s}{\partial y\partial z} = -\dfrac{\alpha E}{1+\nu} \cdot \dfrac{\partial^2\tau}{\partial y\partial z} - \left(\dfrac{\partial Y}{\partial z} + \dfrac{\partial Z}{\partial y}\right) \\[4mm]
\Delta\sigma_{zx} + \dfrac{1}{1+\nu} \cdot \dfrac{\partial^2 \Theta_s}{\partial z\partial x} = -\dfrac{\alpha E}{1+\nu} \cdot \dfrac{\partial^2\tau}{\partial z\partial x} - \left(\dfrac{\partial Z}{\partial x} + \dfrac{\partial X}{\partial z}\right)
\end{cases}
$$

$$(2.34)$$

2.3.6　化学动力学模型

对于由多个组元组成的化学反应混合气体系统,系统中的基元反应的一般表达式可表示为[112]:

$$
\sum_{i=1}^{n} \nu'_i Z_i \underset{k_-}{\overset{k_+}{\rightleftharpoons}} \sum_{i=1}^{n} \nu''_i Z_i \tag{2.35}
$$

式中:Z_i 为系统中的任一组元;ν'_i 和 ν''_i 分别为反应物和生成物的计量系数(或计量摩尔数);k_+ 和 k_- 分别表示正向反应速率常数和逆向正向反应速率常数。上式的正向和逆向反应速率方程分别为:

$$
\frac{\mathrm{d}[Z_i]}{\mathrm{d}t} = (\nu''_i - \nu'_i)k_+ \prod_i [Z_i]^{\nu'_i} \tag{2.36}
$$

$$
\frac{\mathrm{d}[Z_i]}{\mathrm{d}t} = -(\nu''_i - \nu'_i)k_- \prod_i [Z_i]^{\nu''_i} \tag{2.37}
$$

故任一组元的净生成率为:

$$
\frac{\mathrm{d}[Z_i]}{\mathrm{d}t} = (\nu''_i - \nu'_i)\left(k_+ \prod_i [Z_i]^{\nu'_i} - k_- \prod_i [Z_i]^{\nu''_i}\right) \tag{2.38}
$$

平衡常数定义为:

$$
K_{eq} = \frac{k_+}{k_-} = \prod_i [Z_i]^{*\nu''_i} \Big/ \prod_i [Z_i]^{*\nu'_i} \tag{2.39}
$$

反应速率系数由 Arrhenius 公式计算:

$$k = AT^{\delta} \mathrm{e}^{-E_{\alpha}/RT} \tag{2.40}$$

式中:A 为指数前因子;E_{α} 为活化能;δ 为温度指数。

反应逆过程可以通过化学平衡原则求得:

$$K_r = \frac{K_d}{K_{eq}} \tag{2.41}$$

式中:K_d 为正向反应速率;K_{eq} 为化学平衡常数。K_{eq} 由下式确定:

$$\ln(K_{eq}) = K_{\infty} + K_p \left(\frac{1000}{T}\right)^{q_p} + K_e \mathrm{e}^{-\frac{T}{q_e}} \tag{2.42}$$

2.4 边界条件

流动边界条件:推进剂入口压力为 0.8 MPa,入口温度为 300 K,喷管出口处为真空。

温度边界条件:热推进系统比冲高,以氢气为工质时比冲可超过 800 s,其对应的推进剂加热后温度要达到 2 300 K 以上,换热芯内壁面太阳辐射功率 1.2×10^6 W/m²。低温侧考虑推力器外部的隔热效果,设置为绝热条件,重点关注层板固体与流体的温度耦合影响。

在流固耦合界面处,使用标准壁面函数法处理流动边界层和热边界层。在第一个内节点 P 上与壁面平行的流速与温度应满足对数分布律,从而得到节点 P 与壁面间的当量黏性系数和当量导热系数为:

$$\mu_t = \left[\frac{y_P\left(c_\mu^{\frac{1}{4}} k_P^{\frac{1}{2}}\right)}{\nu}\right]\frac{\mu}{\ln(Ey_P^+)/\kappa} \tag{2.43}$$

$$\lambda_t = \frac{y_P^+ \mu c_P}{\sigma_T\left[\ln(Ey_P^+)/\kappa + P\right]} \tag{2.44}$$

式中:Von Karman 常数 $\kappa = 0.4 \sim 0.42$;常数 $c_\mu = \dfrac{1}{A_0 + A_S U^* \dfrac{k}{\varepsilon}}$;$\sigma_T$ 为湍流 Prandtl

数;σ_L 为分子 Prandtl 数;$P = 9\left(\dfrac{\sigma_L}{\sigma_T} - 1\right)\left(\dfrac{\sigma_L}{\sigma_T}\right)^{-\frac{1}{4}}$。由此可计算壁面的切应力和热流密度。

内节点 P 上的 k_P 之值仍可按湍动能 k 方程计算,其边界条件取为 $\left(\dfrac{\partial k}{\partial y}\right)_W =$

$0, y$ 为垂直于壁面的坐标。已知 k_P 后，即可求出 ε_P：

$$\varepsilon_P = \frac{c_\mu^{\frac{3}{4}} k_P^{\frac{3}{2}}}{\kappa y_P} \tag{2.45}$$

第三章　变工况太阳能热推力器
模型与参数计算

3.1　引言

变工况太阳能热推进系统的主要优势在于推力器能够在不同的工况下工作并提供不同大小的推力值,缩短了轨道机动及姿态控制的响应时间,并且具有能量来源清洁、可靠性高、可连续重复多次使用等优点。

变工况太阳能热推进系统为了满足变推力任务需求,采取改变入射太阳辐射能量和推进剂流量大小的方式来实现对推力的改变。本章主要介绍研究对象——太阳能热推力器模型,并在任务需求的基础上对推力器的相关性能参数进行计算分析。

3.2　太阳能热推力器能量转换机理

变工况太阳能热推进系统示意图如图 3.1 所示。它是通过间接加热的方式来对推进剂工质进行加热的,太阳光经过主聚光器和二次聚光器汇聚后辐射到换热芯使其内壁面温度升高,以热传导、对流换热的形式通过层板换热芯将热量传递给推进剂工质,推进剂工质温度升高而后经过喷管喷出将工质的内能转化为动能,进而产生推力。

推力器聚光系统主要包括主聚光器、折射式二次聚光器等组件,实现了将低密度太阳光能汇聚成高密度太阳光能的功能;推进剂供应系统主要包括推进剂贮箱和相关管道阀门等组件,主要功能是储存和供应推进剂;吸热/推力室系统主要包括层板换热芯和喷管等组件,换热芯吸收经过二次聚光器汇聚的太阳能后加热推进剂工质,喷管则将工质的热能转化为机械能产生推力。

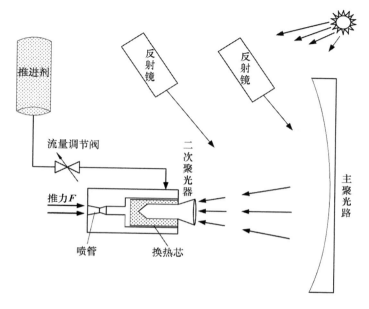

图 3.1　STP 原理示意图

3.3　变工况太阳能热推力器

　　变工况太阳能热推力器设计的整体结构如图 3.2 所示。推力器设计采用再生冷却技术对二次聚光器进行降温控制,并拟设计采用层板换热的方式对推进剂工质进行高效率的换热。图 3.3 所示为推进剂在推力器内流动路线图,推进剂由入口进入推力器后,流经多孔套筒使得进入的推进剂均匀分布在聚光器周围,再依次流经二次聚光器上部和下部能量输出部分,在这个过程中,推进剂对二次聚光器通过对流换热吸收聚光器的热量,使其温度不会过高,同时推进剂也被预加热,推进剂再通过流道流经换热芯进一步被加热至高温,而后经过喷管喷出产生推力。

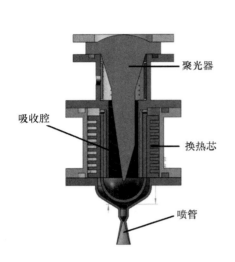

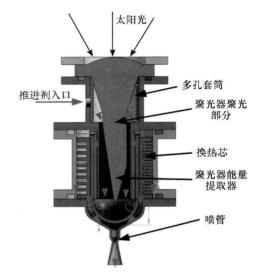

图 3.2　变工况太阳能热推力器整体结构　　图 3.3　推力器内部推进剂流动路线图

3.4　太阳能辐射面积计算

假设推力器吸收的太阳总能量中,一部分用于加热工质气体并转化为工质气体的动能,另一部分被消耗掉,根据能量守恒可以得到:

$$Q = \eta \gamma S \varphi_{\text{sol}} = \frac{1}{2} \dot{m} u_{\text{e}}^2 \tag{3.1}$$

式中:γ 为聚光器光学效率,即聚光器吸收的能量在入射总能量中所占比例;η 为推力器效率;S 为聚光器面积,单位为 m^2;Q 为推力器单位时间需要的能量,单位为 W;φ_{sol} 为太阳常数,计算时取 $\varphi_{\text{sol}} = 1\ 353\ \text{W/m}^2$ 作为计算的标准值。

假设推力器在 Δt 时间内正常工作时,此时推力 F 大小为常量,则 Δt 时间内发动机的总冲为:

$$I = F \cdot \Delta t \tag{3.2}$$

推力冲量定义比冲 I_{sp} 为:

$$I_{\text{sp}} = \frac{I}{m g_0} \tag{3.3}$$

有效排气速度如式(3.4)所示。

$$u_e = I_{sp}g_0 \tag{3.4}$$

得到：

$$\frac{F}{S} = \frac{2\gamma\eta\varphi_{sol}}{g_0 I_{sp}} \tag{3.5}$$

粗略计算估计聚光器的光学效率 $\gamma = 0.5$，推力器比冲 $I_{sp} = 340s$（以氢气作为推进剂工质时），设计推力器效率 $\eta = 0.8$，将其代入式（3.5）计算得到： $\frac{F}{S} = 0.4\ N/m^2$。

将各设计工况下的推力值代入进行计算，表 3.1 所示为计算得到变工况下太阳能热推力器的计算结果。

表 3.1 各工况下对应的辐射面积计算结果

工况/N	0.1	0.2	0.3	0.4	0.5
辐射面积/m^2	0.25	0.5	0.75	1.0	1.25

3.5 变工况太阳能热推力器聚光比

众所周知,太阳能属于能量密度较低的清洁能源,要实现将低密度的太阳辐射能汇聚成高密度的太阳辐射能,目前主要是通过太阳能聚光器来对太阳光进行汇聚。聚光器是变工况太阳能推进系统正常工作的基础,聚光技术也是变工况太阳能推进系统的核心技术之一,聚光系统的优劣直接决定着变工况太阳能热推进系统性能的优劣。

为了更有效地对太阳能进行汇聚和收集,在太阳能热推力器聚光系统中,主要通过增加聚光次数来对太阳能进行汇聚和提取,目前主要使用两次聚光的方法,即通过主聚光器与二次聚光器。在推力器内能量转化具体过程:首先,通过主聚光器完成对太阳光的一次汇聚;其次,将经过一次汇聚的太阳辐射能传递给二次聚光器;再次,在二次聚光器内经过光路的反射、折射汇聚的太阳辐射能传递给二次聚光器的能量提取器;最后,通过对流换热、辐射等换热方式将能量传递给层板换热芯。通过以上过程分析可以看出,主聚光器和二次聚光器的作用是有差异的,主聚光器是为了实现较高的聚光比,将低密度的太阳辐射能转化为高密度的太阳辐射能,二次聚光器则是为了实现能量的传递和提取,对高密度的太阳辐射能进行向外输出。

3.5.1 太阳能热推力器主聚光器

根据主聚光面形状和性能特点,目前太阳能聚光器及其相关的性能参数如表 3.2 所示。

表 3.2 典型聚光器的聚光比和工作温度范围

类别	典型聚光比范围	工作温度/K
球面型聚光器	50 ~ 150	573 ~ 873
菲涅耳透镜	100 ~ 1 000	573 ~ 1 273
旋转抛物面聚光器	500 ~ 3 000	773 ~ 2 273
塔式聚光器	1 000 ~ 3 000	773 ~ 2 273
抛物面聚光器	15 ~ 50	473 ~ 573

由于太阳能热推力器工作时工质温度为 1 000 ~ 2 500 K,有时可超过3 000 K。旋转抛物面聚光器满足推力器温度要求并且聚光器聚光比大。同时,旋转抛物面聚光器原理简单、制造工艺方便、成本较低并可实现较好的太阳能汇聚效果,因此它是变工况太阳能热推进系统比较理想的聚光器。

3.5.2 太阳能热推力器二次聚光器

太阳光经过一次聚光后的能量密度远远达不到太阳能热推力器的正常工作要求,总聚光比较低,因此需要在系统中增加二次聚光器来提升总聚光比,提高太阳能量密度。

折射式二次聚光器由球形入口表面、圆锥状结构体和能量提取器组成,如图 3.4所示,利用光线在二次聚光器内部的折射和全发射原理进行光路的传播以及能量的传递。二次聚光器作为换热腔的核心部件,其设计主要由三部分组成:一是聚光器部分,主要实现光路的收集和光路的全反射功能;二是能量提取器部分,将二次聚光器收集到的太阳辐射能对外进行传输,进而加热层板换热芯;三是安装固定部分,实现在二次聚光器的安装过程中对其进行固定作用。

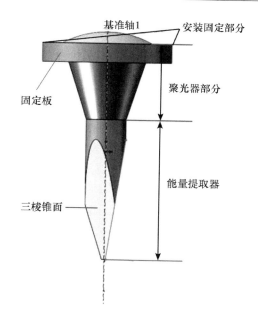

基准轴1　安装固定部分

固定板

聚光器部分

能量提取器

三棱锥面

图 3.4　折射式二次聚光器

3.5.3　聚光系统总聚光比

在两级聚光器的安放过程中,为了能够实现高效率的聚光效果,需要将折射式二次聚光器的光轴与抛物面的主聚光器的光轴相重合,并且 RSC 的光路入口处中心要位于主聚光器的焦点处,通过能量汇聚使得汇聚的太阳辐射能能够直接加热换热芯[113]。查阅资料可得到太阳辐射能吸收器的平衡温度 T_r 与几何聚光比 C 之间的关系[114]为:

$$T_r = \left[\frac{(\eta_o - \eta_c)\varphi_{\text{sol}}}{\sigma\varepsilon} \right]^{\frac{1}{4}} C^{\frac{1}{4}} \qquad (3.6)$$

吸收器的平衡温度 T_r 是入射辐射强度 φ_{sol}、总聚光比 C 和光学效率 η_o 与收集效率 η_c 的函数。图 3.5 所示为吸收器平衡温度 T_r 与总聚光比 C 之间的关系。

要使得太阳能热推力器正常工作,则需要将吸收腔平衡温度提高到 2 000 K 以上。由图 3.5 可知,吸收腔平衡温度达到 2 000 K 时,总聚光比需达到 2 000 以上,吸收腔平衡温度达到 2 400 K 时,总聚光比至少需要大于 5 000。

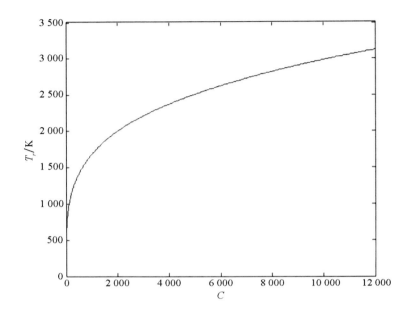

图 3.5　腔体温度与聚光器的聚光比关系图

3.6　变工况下的推力器推力改变方式

改变推力大小的方式主要有:改变推进剂流量、改变太阳辐射能量和改变喷管喉道横截面积。但考虑到微推力喷管加工问题,对于变工况太阳能热推力器,主要通过改变太阳辐射能量大小和推进剂流量大小两种方式。对推力器进行计算时,做如下假设:

(1)假定推力器内工质气体为理想气体;

(2)没有穿过推力室壁面的传热,因此流动是绝热的;

(3)喷管内流动无激波或不连续性,且流动是定常的;

(4)喷管内部没有明显的摩擦,忽略掉所有的边界层效应;

(5)推力器喷管入口工质速度很小,近似为零;

(6)离开喷管的排气速度只有轴向速度。

在太阳能热推力室参数计算设计时,选取工质氢气的温度 1 300 K 作为定性温度。查阅氢气的相关物性参数:摩尔质量 $M = 2.016 \times 10^{-3}\,\mathrm{kg/mol}$,比热比

$\gamma = 1.404$，密度 $\rho = 0.0189\ \text{kg/m}^3$，平均定压比热容 $C_p = 1.56 \times 10^4\ \text{J/(kg·K)}$，动力黏度 $\mu = 24.08 \times 10^{-6}\ \text{kg/(m·s)}$，平均热导率 $k = 0.568\ \text{W/(m·K)}$。

由于喷管内流动为无轴功的绝热过程，则有：

$$h_0 = h + \frac{u^2}{2} = \text{constant} \tag{3.7}$$

由能量守恒得到：

$$h_c - h_e = \frac{1}{2}(u_e^2 - u_c^2) = C_p(T_c - T_e) \tag{3.8}$$

则喷管出口速度可表示为：

$$u_e = \sqrt{\frac{2k}{k-1}RT_c\left[1 - \left(\frac{P_e}{P_c}\right)^{\frac{k-1}{k}}\right] + u_c^2} \tag{3.9}$$

喷管质量流量大小为：

$$\dot{m} = \frac{P_c}{RT_c}\left(\frac{2}{k+1}\right)^{\frac{1}{k-1}}\sqrt{\frac{2k}{k+1}RT_c}\,A_t \tag{3.10}$$

发动机真空推力公式为：

$$F = \dot{m}u_e + A_e P_e \tag{3.11}$$

系统推进效率定义为：

$$\eta = \frac{\dot{m}u_e^2}{2(\dot{m}h_i + P)} \tag{3.12}$$

式中：假设推进系统效率设计为 $\eta = 0.8$；P 为吸收的太阳辐射能；h_i 表示为入口焓值，是温度的单值函数。

故得到计算方程组为：

$$\begin{cases} \eta = \dfrac{\dot{m}u_e^2}{2(\dot{m}h_i + P)} \\[2mm] F = \dot{m}u_e \\[2mm] u_e = \sqrt{\dfrac{2k}{k-1}RT_c} \\[2mm] \dot{m} = \dfrac{P_c}{RT_c}\left(\dfrac{2}{k+1}\right)^{\frac{1}{k-1}}\sqrt{\dfrac{2k}{k+1}RT_c}\,A_t \end{cases} \tag{3.13}$$

3.6.1 辐射能量值不变仅改变推进剂流量大小

推进剂工质经过换热芯后理论温度可达 2 000K 以上，以氢气为工质，设计推力室温度 $T_c = 2\,000\text{K}$，$P_c = 0.2\text{MPa}$，推进剂从贮箱流出温度为 $T_i = 300\text{K}$。利用式(3.13)对推力为 $F_1 = 0.1\text{N}$ 工况下进行喷管的相关设计,计算得到喷管的喉道横截面积为 $A_t = 2.545 \times 10^{-7}\text{m}^2$。

当保持太阳辐射能量值不变时,仅通过改变推进剂流量来改变推力,保持喷管喉道横截面积不变,计算结果如表 3.3 所示。

表 3.3　太阳辐射能量值不变时各工况下参数

工况	0.1N	0.2N	0.3N	0.4N	0.5N
太阳辐射能/W	480	480	480	480	480
质量流量/($10^5\text{kg}\cdot\text{s}^{-1}$)	1.178	3.821	7.004	10.396	13.886
排气速度/($\text{m}\cdot\text{s}^{-1}$)	8 488.5	5 233.8	4 283.5	3 847.7	3 600
总温/K	2 000	760	509	411	360
总压/MPa	0.2	0.4	0.6	0.8	1.0

对计算结果进行分析可知,当太阳辐射能不变时,只通过改变推进剂流量的方式来调节推力大小的设计是不可取的。当推力从 0.1N 增大到 0.5N 时,推进剂质量流量逐渐增大,推力室总温从 2 000K 急剧下降到 760K 再到 360K,推力室总压 P_c 从 0.2MPa 急剧增大到 1.0MPa。

3.6.2　推进剂流量不变仅改变辐射能量值大小

以工质氢气为推进剂,室压较大时可以获取较大的推力,故当推力 $F = 0.5\text{N}$ 时,设计推力室室压 $P_c = 0.8\text{MPa}$,推力室室温为 $T_c = 2\,000\text{K}$。计算得到喷管喉道横截面积为 $A_t = 3.182 \times 10^{-7}\text{m}^2$,此时推进剂流量为 $\dot{m} = 5.890 \times 10^{-5}\text{kg/s}$,保持推进剂流量不变,仅通过调节太阳辐射能量大小来改变推力,结果如表 3.4 所示。

存在保持流量不变,仅在冷气推进时,出现了推力达不到设计工况为 0.1N 的情形,此时即使没有太阳光的进入,推力最小为 0.16N。相对于仅调节质量流量来说,太阳辐射能调节推力室总温变化较平缓,没有阶跃性变化,总压变化均匀。

表 3.4　流量不变下各工况计算结果

工况	0.1N	0.16N	0.2N	0.3N	0.4N	0.5N
质量流量/(10^{-5}kg·s^{-1})	3.65	5.89	5.89	5.89	5.89	5.89
太阳辐射能/W	0	0	149	679	1 422	2 400
排气速度/(m·s^{-1})	2 736	2 736	3 395	5 093	6 791	8 488
总温/K	300	300	320	720	1 280	2 000
总压/MPa	0.20	0.20	0.32	0.48	0.64	0.8

3.6.3　保持喷管入口温度不变(2 000K)

为了保证推力器能够正常工作,使工质被加热后达到正常的工作温度 2 000K以上,计算结果如表 3.5 所示。设计喷管喉道横截面积为 $A_t = 5.07 \times 10^{-7}$m^2。当推力增大时,流量和太阳辐射能量均逐渐增大,同时改变流量和太阳辐射能的方式是可行的。

表 3.5　喷管入口温度不变时

工况	0.1N	0.2N	0.3N	0.4N	0.5N
质量流量/(10^{-5}kg·s^{-1})	1.178	2.356	3.534	4.713	5.891
太阳辐射能/W	475.4	950.7	1 426	1 901	2 376
排气速度/(m·s^{-1})	8 488	8 488	8 488	8 488	8 488
总温/K	2 000	2 000	2 000	2 000	2 000
总压/MPa	0.1	0.2	0.3	0.4	0.5

第四章 吸收腔辐射换热与二次聚光器再生冷却研究

4.1 引言

本章参照国外的 RSC 结构进行了设计,聚光器具体结构尺寸根据实际情况进行了修改,对 RSC 和吸收腔内的辐射与流动换热进行了一体化的仿真,并分析了 RSC 的热应力。

4.2 物理模型与边界条件

4.2.1 物理模型

折射式二次聚光器是一种非成像聚光系统,通过入射光线在不同介质间的折射和全内反射将能量聚焦传输到吸收器中。它由透镜和能量提取器两部分组成,透镜具有轴对称结构,而能量提取器为三棱锥结构。太阳光线经过透镜的折射进入聚光器后,通过全部内反射原理进行传输,由于汇聚光线始终在聚光器内进行传送,因此能量的输出损失较小。最后通过能量提取器的折射传出聚光器,加热吸收腔壁面。折射式二次聚光器与推力室的再生冷却一体化设计和推进剂流动线路如图 4.1 所示,推进剂进入推力器之后,首先流过一个多孔套筒实现均匀分流,从而使二次聚光器周围的气体流动和温度分布均匀。推进剂经过套筒之后进入吸收腔,吸收腔内的二次聚光器承受相对更高的温度载荷,再生冷却的作用就是在该区域内通过对流换热降低二次聚光器的温度。最后推进剂通过吸收腔底端的开口进入高效的层板微换热流道受到加热,并最终从喷管排出产生推力。冷却通道为吸收腔与二次聚光器之间的空腔,因为聚光器后端的能量提取器为三棱锥结构,所以冷却通道并不是严格的轴对称结构。该再生冷却一体化设计既对折射式二次聚光器起到显著的冷却作用,同时进入吸收腔的推进剂温度又得到了升高,提升了推进器系统对太阳能的利用效率。

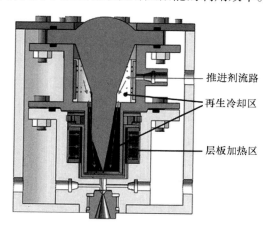

图 4.1 再生冷却 RSC 与推力室的一体化设计

以物理模型为基础,吸收腔辐射换热模型三种介质示意如图4.2 所示,由内到外分别为折射式二次聚光器 RSC、气体工质氢气和吸收腔材料 Nb521 铌钨合金。对于气体工质部分,上部为工质入口,底部为出口,符合第二章结构设计中的吸收腔构型。

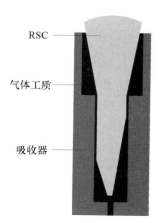

图 4.2 吸收腔辐射换热模型三种介质示意图

4.2.2　边界条件

4.2.2.1　界面辐射特性

吸收腔壁面为不透明界面,且为漫射面(漫发射、漫反射),界面温度为 T_1,界面内侧光谱发射率为 ε_λ,光谱漫反射率为 $\rho_\lambda^{\mathrm{d}}$,上标 d 表示漫反射。令角度的下标 i 表示入射,则吸收腔界面内侧的光谱反射辐射力为:

$$\rho_\lambda^{\mathrm{d}}\int_{2\pi}I_\lambda^-(0,\theta_i)\cos\theta_i\mathrm{d}\Omega_i = \rho_\lambda^{\mathrm{d}}\int_{\theta_i=\pi}^{\pi/2}\int_{\Psi_i=0}^{2\pi}I_\lambda^-(0,\theta_i)\cos\theta_i\sin\theta_i\mathrm{d}\theta_i\mathrm{d}\Psi_i =$$
$$-\rho_\lambda^{\mathrm{d}}2\pi\int_{\mu_i=-1}^{1}I_\lambda^-(0,-\mu_i)\mu_i\mathrm{d}\mu_i = 2\pi\rho_\lambda^{\mathrm{d}}\int_0^1 I_\lambda^-(0,-\mu_i)\mu_i\mathrm{d}\mu_i \tag{4.1}$$

界面有效辐射是本身辐射与反射辐射之和,则

$$I_\lambda^+(0) = \frac{1}{\pi}n_m^2\varepsilon_\lambda\sigma T_1^4 + 2\rho_\lambda^{\mathrm{d}}\int_0^1 I_\lambda^-(0,-\mu_i)\mu_i\mathrm{d}\mu_i \tag{4.2}$$

RSC 壁面均为半透明界面,按照谱带来说为选择性表面,界面对波长小于 $5\,\mu\mathrm{m}$ 的谱带呈透明性质,对大于 $5\,\mu\mathrm{m}$ 的谱带呈半透明性质[115-116]。界面辐射为环境投射辐射的穿透部分与介质侧界面的反射辐射之和。

对于漫射面,有:

$$I^+(0) = \left(\frac{n_m}{n_0}\right)^2(1-\rho_0^{\mathrm{d}})I_0(0) + 2\rho^{\mathrm{d}}\int_0^1 I^-(0,-\mu)\mu\mathrm{d}\mu \tag{4.3}$$

若界面为镜面,则有:

$$I^+(0,\mu) = \left(\frac{n_m}{n_0}\right)^2(1-\rho_0^s)I_0(0,\mu_i) + 2\rho^s I^-(0,-\mu) \tag{4.4}$$

$$\mu_i = \cos\theta_i \tag{4.5}$$

式中:θ_i 为环境投射辐射的入射角。

4.2.2.2　辐射边界条件

辐射边界条件采用第三类边界条件,给定换热系数 h,环境温度 T_0 及界面内侧的辐射特性 ρ_λ,适用于模型中涉及的不透明、半透明和透明界面。

4.2.2.3　流动边界条件

由于吸收腔部分的再生冷却通道没有流动截面的急剧收缩或扩张,压降变化不大。设推进剂入口质量流量为 0.000 175 kg/s,出口压力为 0.7MPa。入口

温度设置为300K。

4.2.3 计算网格

由于RSC的能量吸收器为三棱锥结构,吸收腔内的辐射传递具有三维的分布特性,轴对称模型不能解决其分布特性仿真。因此,采用了三维建模并划分了非结构网格。吸收器辐射换热计算网格如图4.3所示。

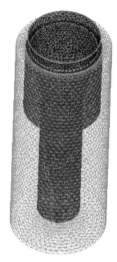

图4.3 吸收器辐射换热计算网格

4.3 吸收腔辐射与再生冷却过程研究

4.3.1 吸收腔再生冷却的影响

4.3.1.1 无再生冷却设计

再生冷却为本设计中提出的一种重要的能量利用方案,主要目的是防止RSC在工作过程中吸热过多造成温度过高而破裂,同时对能量进行回收利用。本节针对是否采用再生冷却技术进行了仿真对比,验证采用再生冷却技术的有效性。

　　首先对无再生冷却的情况进行了计算,吸收腔内无气体流动,吸收腔的温度分布云图如图 4.4 所示。吸收器壁面的最高温度在 2 400K 以上,高温区在吸收器的下半部,达到了吸收器较为理想的工作温度,可以将气体工质加热至高温。将 RSC 介质单独提取显示,此时 RSC 介质的温度分布如图 4.5 所示,可见与吸收腔的温度基本上是一致的,底端能量提取器的最高温度已经达到了 2 400K,已经超过了大部分介质材料所能够承受的工作温度。对于单晶蓝宝石等介质而言,其对小于 5 μm 的太阳光谱吸收很少,可忽略不计,而大于 5 μm 的太阳光谱所占的能量比重只有约 0.5%。但是由于加热后的吸收腔温度在 2 400K 以上,其辐射光谱以红外光谱为主,这时波长大于 5 μm 的辐射所占的辐射能量已经超过了 5%,是太阳光谱中占比的 10 倍,而这些辐射能量都会被 RSC 吸收,RSC 的温度会不断升高,最后接近吸收腔壁面温度,超过了其自身可以承受的温度。因此,再生冷却结构的采用就显得至关重要,可以将 RSC 吸收的辐射能及时带走,从而防止 RSC 出现破裂。

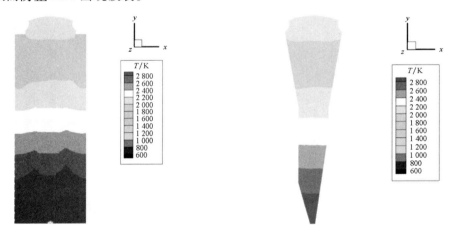

图 4.4　无再生冷却时的温度分布　　　　　图 4.5　RSC 温度分布

　　在该种设计情况下,入射辐射与辐射温度的分布如图 4.6 和图 4.7 所示,可知辐射传热过程主要集中在能量提取器的底部,即三棱锥部分。其他位置的辐射传热量较少,可知仿真结果较为合理,上部由于内部全反射原理设计,太阳辐射的逸出量很少。

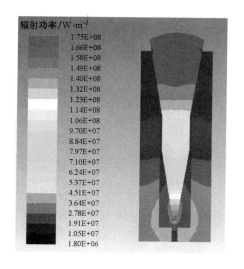

图 4.6　入射辐射分布

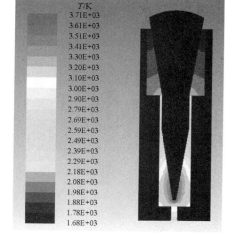

图 4.7　辐射温度分布

4.3.1.2　再生冷却设计

对于采用再生冷却的情况,图 4.8 显示了 RSC、工质、吸收器三者整体温度分布特性,图 4.8(a)和图 4.8(b)为推力器在不同方向的剖面。由于聚光器的能量提取器近似为三棱锥结构,因此在不同方向的剖面温度分布特性略有不同。由温度分布可以看出,因为 RSC 的能量提取器位于吸收腔下部,所以吸收器壁面温度由上及下呈现递增的特性,工质氢气的温度在贴近吸收器壁面的地方温度高,并向 RSC 的方向递减。因此,工质流动应充分利用底部的高温区进行加热。由图 4.8(a)和 4.8(b)可知,贴近二次聚光器的推进剂温度在 800~1 000K 之间,温度与无冷却措施时相比明显降低,而靠近吸收器壁面的推进剂温度更高,在 1 000~2 200K 之间。再生冷却设计同时还对推进剂起到了预热作用。推进剂在吸收腔的温度由入口的 300K 上升至出口的 1 000K,从而提高了对太阳辐射能的利用效率。如果不施加冷却措施,聚光器温度会不断升高,相应其对外界的辐射损失也不断增大。采用再生冷却设计后,这一问题可以有效缓解。

通过计算吸收腔壁面温度分布并与前面的结果进行对比发现,工质流动对吸收腔被加热的温度影响不大,吸收器壁面温度仍然在 2 400~2 600K 之间,可以满足推进系统性能所需的温度条件。这是由于二次聚光器与吸收腔壁面的换热以太阳辐射为主,吸收腔内推进剂相对于太阳光谱为透明介质,对汇聚太阳能辐射的传输几乎没有影响。

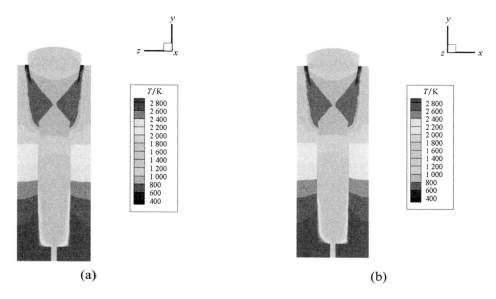

图 4.8　不同方向剖面上 RSC、工质、吸收器三者整体温度分布

为便于对比 RSC、工质氢气、吸收器三种不同介质的温度分布规律,图 4.9 (a)、(b)、(c)分别显示了三者在剖面上的温度云图分布区域。RSC 自身的温度分布沿 y 轴负向逐渐增大,能量提取器部分温度最高,在 600~800K 之间。采用再生冷却之后,聚光器的最高温度从 2 400K 降低到 800K。加热 RSC 的热量源于吸收腔的高温壁面,而不是对太阳能的直接吸收,因为同样都是吸收太阳能,RSC 上部的温度相比于能量提取器部分要低很多。工质的温度在接近能量提取器的部分与其温度相近,热量大部分通过对流换热的方式由工质传递给 RSC,这种设计条件下 RSC 可以长时间工作,而不会受到较大的热冲击。因此,一般的光学玻璃材料,特别是石英玻璃都能够作为 RSC 的备选材料。

推力器不同轴向位置处垂直于轴向的温度分布切片如图 4.10 所示,切片的平均温度由顶部到底部逐渐升高,不同位置的 y 轴坐标可以参考图 4.6。因为能量提取器为三棱锥型,所以输出的热辐射截面呈现出近似等边三角形的分布规律。热量沿能量提取器三棱锥面的三个法向方向进行扩散,温度升高也同样是沿着这三个方向。

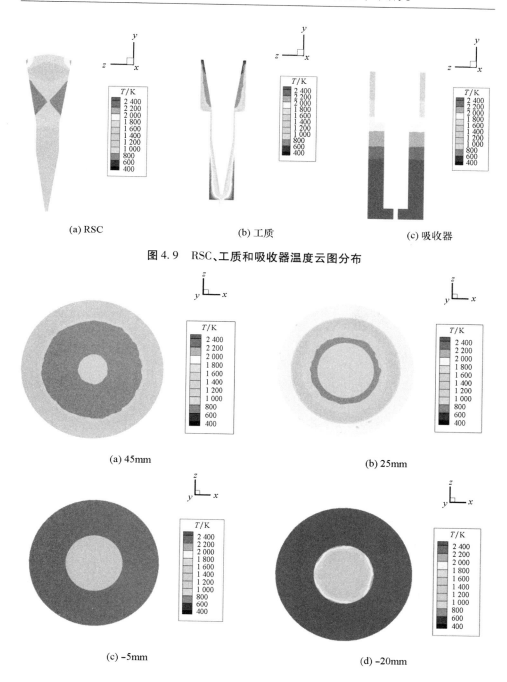

(a) RSC　　　　　　　　(b) 工质　　　　　　　　(c) 吸收器

图 4.9　RSC、工质和吸收器温度云图分布

(a) 45mm

(b) 25mm

(c) −5mm

(d) −20mm

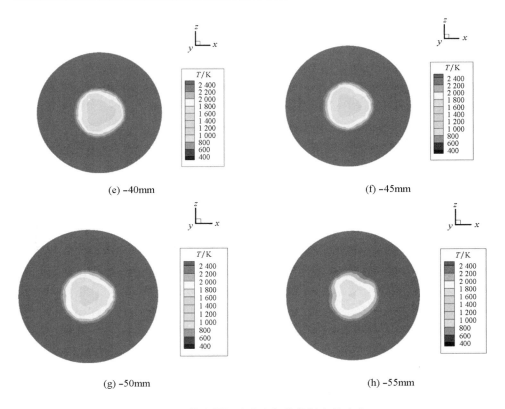

(e) –40mm   (f) –45mm

(g) –50mm   (h) –55mm

图 4.10　推力器温度分布切片沿轴向的变化

　　吸收腔与 RSC 的辐射温度与入射辐射分布如图 4.11 和图 4.12 所示,辐射温度和入射辐射的最高值均出现在能量提取器的顶端。这符合 RSC 的光路传输特性,在能量提取器之前的部分,由于光线的内部全反射作用,没有太阳辐射从上部的界面直接发射出来,而都集中于 RSC 下部的能量提取器发射出来。通过与无再生冷却的设计进行对比,可以发现二者的辐射温度与入射辐射分布比较接近,温度分布的巨大差异完全是由工质的再生冷却作用带来的。

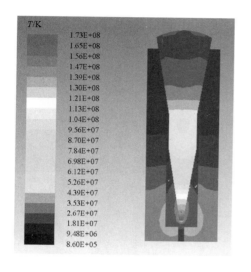

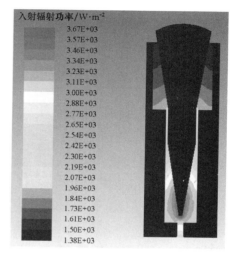

图4.11　吸收腔与RSC辐射温度分布　　　图4.12　吸收腔与RSC入射辐射分布

4.3.2　吸收系数的影响

吸收系数对RSC的影响很大,RSC为核心高温区,如果RSC的吸收系数大,RSC对热量的吸收也相应地会非常大。而这种情况下吸收腔壁面温度反而会不高。可见,较大的吸收系数,会影响热辐射的穿透性。因此,RSC的材料必须采用吸收系数小的单晶材料,目前较易获取的单晶材料热物性参数如表4.1所示。

表4.1　主要单晶材料热物性参数

材料	熔点/℃	折射率	导热系数/[W·(m·K)$^{-1}$]	光学吸收截止波长/μm
Al$_2$O$_3$单晶	2 300	1.76	0.25(300K) 0.1(1 000K) 0.06(2 300K)	5
MgO单晶	3 000	1.76	0.6(300K) 0.08(1 500K)	7
ZrO$_2$单晶	3 000	2.16	0.1(300K)	6

吸收系数的数值可以通过光谱透射比和发射率等数据推导出来。根据热辐射透射比与吸收系数的关系式:

$$UVT = \frac{I}{I_0} = \mathrm{e}^{-\kappa_\lambda x} \tag{4.6}$$

式中:κ_λ 为介质对光谱 λ 的吸收系数;x 为介质的厚度。

4.3.2.1 吸收系数为 0.1m⁻¹ 的情况

吸收系数为 $0.1\mathrm{m}^{-1}$ 的温度分布、入射辐射分布和辐射温度分布分别如图 4.13、图 4.14 和图 4.15 所示,可见 RSC 的温度要远远低于吸收腔壁面的温度。能量提取器部分的温度在 $600 \sim 800$ K 之间,要低于一般单晶材料的熔点,甚至低于石英玻璃的熔点。

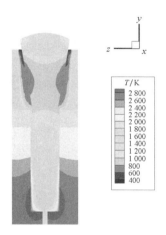

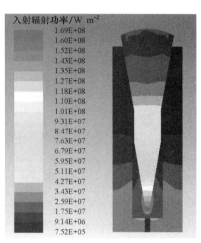

图 4.13　吸收系数为 $0.1\mathrm{m}^{-1}$ 温度分布　　图 4.14　吸收系数为 $0.1\mathrm{m}^{-1}$ 入射辐射分布

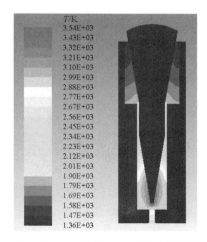

图 4.15　吸收系数为 $0.1\mathrm{m}^{-1}$ 辐射温度分布

4.3.2.2　吸收系数为 $1m^{-1}$ 的情况

吸收系数为 $1m^{-1}$ 的温度分布、入射辐射分布和辐射温度分布分别如图 4.16、图 4.17 和图 4.18 所示,可见 RSC 的温度已经较高,其最高温度已经超过 1 600K。而吸收腔壁面的温度要超过 2 300K,因此吸收系数为 $1m^{-1}$ 的材料可以在一定的情况下满足工作条件。

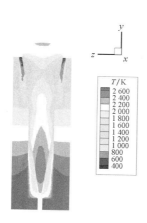

图 4.16　吸收系数为 $1m^{-1}$ 温度分布

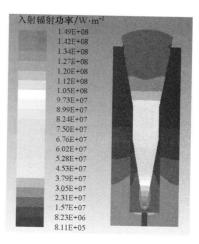

图 4.17　吸收系数为 $1m^{-1}$ 入射辐射分布

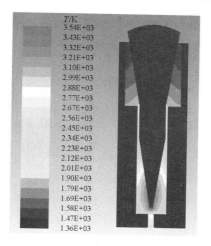

图 4.18　吸收系数为 $1m^{-1}$ 辐射温度分布

4.3.2.3 吸收系数为 10m^{-1} 的情况

吸收系数为 10m^{-1} 的温度分布如图 4.19 所示,通过图中的温度分布可以看出,介质的吸收系数达到 10m^{-1} 的情况下,RSC 对太阳辐射的吸收已经非常大,在吸收腔壁面最高温度只有 2 200K 的情况下,RSC 内部的最高温度已经超过了 2 600K。入射辐射分布和辐射温度分布如图 4.20 和图 4.21 所示,最大值都出现在能量提取器顶端,分别为 4.5×10^{7}W/m^2 和 2 400K,可见比前两种工况的值要小,说明 RSC 对太阳光的吸收量大,RSC 太阳辐射透过量变小。

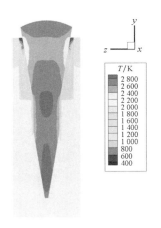

图 4.19　吸收系数为 10m^{-1} 温度分布

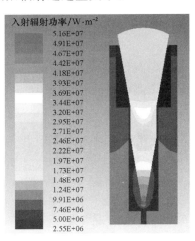

图 4.20　吸收系数为 10m^{-1} 入射辐射分布

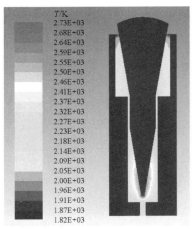

图 4.21　吸收系数为 10m^{-1} 辐射温度分布

4.3.3　采用非灰半透明介质模型的影响

由于 RSC 的介质对不同波长的太阳光谱吸收系数不同,可利用谱带近似模型来分析处理[117-118]。太阳光谱辐射能量分布如图 4.22 所示,太阳光谱能量主要集中在可见光和近红外区。对于 RSC 来说,该谱段正是主要的透射谱段,吸收量很小。黑体辐射函数定义为:

$$f(\lambda T) = \int_0^{\lambda T} \frac{E_{b\lambda}}{\sigma T^5} \mathrm{d}(\lambda T) \tag{4.7}$$

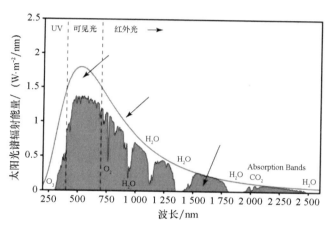

图 4.22　太阳光谱辐射能量分布

根据黑体辐射函数,可以计算出各个波长的黑体辐射占同温度下黑体辐射量的百分数。大于 5 μm 的谱段在太阳辐射中所占的能量比小于 5% ,而这部分能量是会被单晶体材料吸收的,因此采用分段光谱模型能够获取更加精确的温度分布特性。

蓝宝石单晶的太阳光谱吸收整体变化趋势如图 4.23 所示。可见,吸收系数随波长增大而增大,对于波长大于 5 μm 的太阳光谱吸收已经很强。根据蓝宝石单晶的谱段特性,在不同谱段内,建立其吸收系数随温度的变化函数,进行仿真计算。

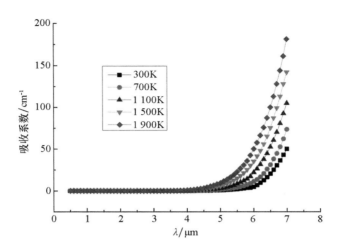

图 4.23 蓝宝石单晶的太阳光谱吸收整体变化趋势

图 4.24(a)为灰体半透明介质模型的结果,图 4.24(b)为采用非灰半透明介质谱带近似模型之后的结果。由此可见后者计算出的 RSC 温度要低,且最高的温度集中在吸收腔部分,而前者的最高温度集中在 RSC 自身。因为不考虑谱带吸收特性,所有的太阳能辐射都是按照吸收系数对应的比例被 RSC 介质所吸收,所以造成 RSC 的温度最高,且随着温度的升高,介质吸收系数进一步升高,造成投射特性降低,从而使吸收腔的温度反而不如 RSC 高。采用谱带模型之后,由于介质对不同光谱的吸收系数分开考虑,每个谱段对应的太阳辐射能也是

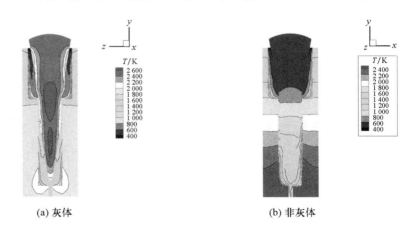

图 4.24 灰体半透明介质模型与非灰半透明介质模型温度分布对比

分开计算的,而大部分的备用介质对于可见光和近红外区都是透明的,即使不透明其吸收系数也较小,所以计算得到的结果更加符合实际工况。从二者温度分布云图可以看出,即使是温度较低的图4.24(b)图中,RSC的最高温度在1 600 ~ 1 800K之间,仍然是过高的温度,因此在RSC的介质选择上需要选择光谱吸收系数更小的材料。单晶材料可以满足这一条件,但是成本太高。

　　石英玻璃与蓝宝石单晶材料的吸收系数对比如图4.25所示,由此可见,在相同的波长下,石英玻璃的吸收系数是蓝宝石单晶材料的约100倍。因此,单晶材料卓越的光学性能是其他材料所无法比拟的。

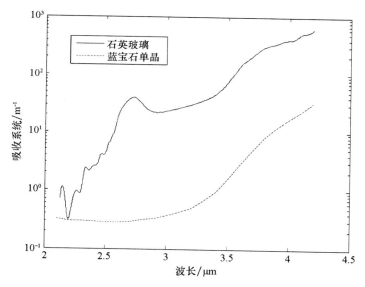

图4.25　石英玻璃与蓝宝石单晶材料的吸收系数对比

4.4　二次聚光器热应力仿真结果

　　将流场的仿真结果加载RSC上可获取其温度和应力分布特性。为研究RSC的破裂原因,对RSC进行瞬态温度分布计算,并选取了三个典型节点进行分析,如图4.26所示。在未采用再生冷却结构的情况下,RSC工作过程中的温度分布云图和典型节点温度随时间的变化如图4.27所示。由温度云图可知,RSC两端的温差很大,因此中间位置聚光器和能量提取器连接处的热应力最大。节点 1 的温度很快就达到了平衡,节点 2、3 的温度有缓慢上升的趋势。RSC 的最高温度已经超过 2 200K,而单晶蓝宝石的工作的临界温度为 2 300K,因此必须采取冷却措施。

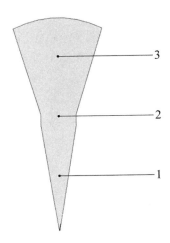

图 4.26 RSC 中选取的三个典型节点

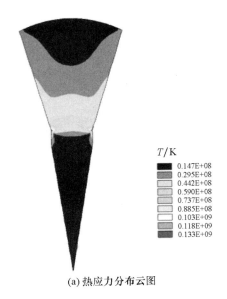

T/K

■	0.147E+08
■	0.295E+08
□	0.442E+08
□	0.590E+08
□	0.737E+08
□	0.885E+08
□	0.103E+09
■	0.118E+09
■	0.133E+09

(a) 热应力分布云图

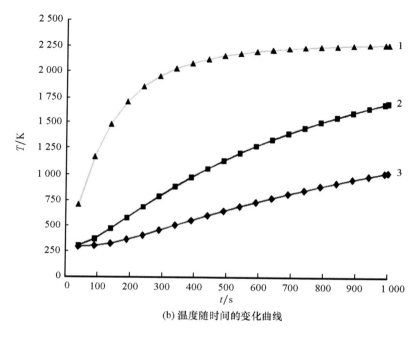

(b)温度随时间的变化曲线

图4.27　无再生冷却的 RSC 内部热应力分布

采用再生冷却的 RSC 工作过程温度分布和典型节点温度随时间的变化如图 4.28 所示。由图可知，RSC 的最高温度下降至 1 600K。三个节点的温度随时间的变化规律与前面的分析相同，而最高温度都下降了约 600K。RSC 内部的热应力分布如图 4.28(a)所示，可见热应力在 RSC 的颈部有集中，无再生冷却时最大值为 113MPa，颈部大部分区域的热应力在 44～59MPa 之间；而采用再生冷却时最大值为 86MPa，颈部大部分区域的热应力在 28～38MPa 之间。通过与文献实验[48]对比发现，采用再生冷却之后热应力分布要低于 RSC 破裂时热应力的测量值 44～65MPa，由此可见，采用再生冷却设计可以提高 RSC 的稳定性和可靠性。

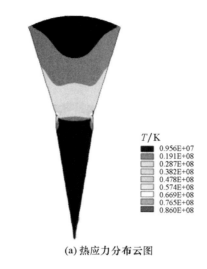

(a) 热应力分布云图

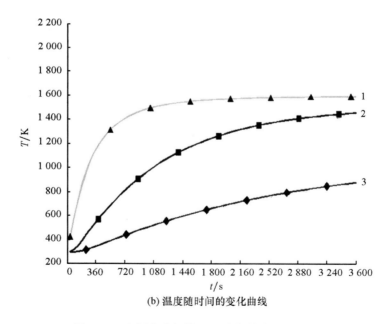

(b) 温度随时间的变化曲线

图 4.28　有再生冷却的 RSC 内部热应力分布

第五章　太阳能热推力器层板换热芯仿真与优化设计

5.1　引言

本章采用层板结构作为高效的换热芯设计结构,并通过对控制流道长度和流道截面积的设计进行仿真对比分析,获取最优的设计方案。

5.2　层板加热结构温度分布特性

5.2.1　物理模型与计算方法

太阳能热推力器方案在层板结构的基础上进行了改进,采用层板微流道结构,通过分流的方式增大推进剂与推力室壁面的换热面积,提高换热通道内的对流换热效果,使推进剂在推力室内得到充分加热。其总体结构如图5.1所示。

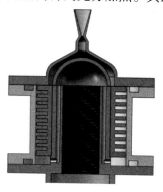

图5.1　基于层板增强换热通道的总体结构图

单个层板设计厚度2mm,控制流道直径为0.16mm。层板之间推进剂的换热面积比相同条件下螺旋流道大出约5~10倍。推进剂沿层板外沿流入,经过控制流道,最后通过内沿的半圆形通道流入喷管。层板内沿与吸收腔的高温壁面紧密结合,如图5.2所示。

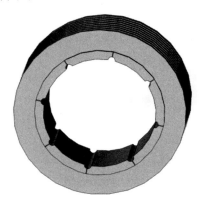

图5.2　单个层板微通道结构

考虑到推力器总体质量大小和换热效率大小,换热芯设计结构如图5.3所示。将多个层板摞在一起,通过中间的换热微流道实现对工质的进一步加热。推进剂工质沿换热芯外部流入,内部流出。换热芯内壁与吸收腔的高温外壁面无缝耦合连接,通过热传导的方式将能量从高温的吸收腔壁面传递到换热心层板。

(a) 正视图　　　　　　　　　　　(b) 剖面图

图5.3　换热芯模型

层板数量设计为9层,层板内、外径分别为32mm和49mm。层板的径向长度为40mm,控制流道长度2.5mm,每层有8条控制流道均匀分布在周向上,其总体结构示意如图5.4所示。

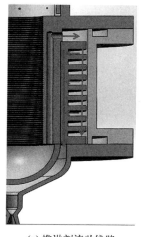

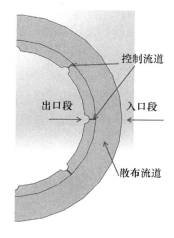

(a) 推进剂流动线路　　　　　　　　　(b) 层板流道分布

图 5.4　层板换热通道的总体结构

　　由于该层板结构具有轴对称的结构特点,为减小计算量,计算时取层板结构中单条流道的一半做对称处理,模型的上下左右面均为对称面,计算模型的周向角度为 22.5°。实际中,控制流道是一个圆形的通道,根据结构对称的特点,在仿真中只选取了四分之一的流道,流道尺寸较小因此在建立模型时,使用了横截面积相同的正方形流道取代圆形流道,便于生成网格进行计算模拟。模型的坐标原点取在层板的物理中心,流道的中心线设为 x 轴,沿层板径向向外延伸。y 轴在流道平面内垂直于 x 轴。z 轴由流道对称面指向层板固体对称面。采用结构网格划分模型,对控制流道进行了加密处理,总单元数为 47 060。流固耦合计算三维模型网格如图 5.5 所示。

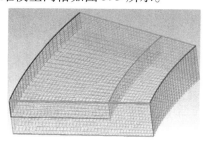

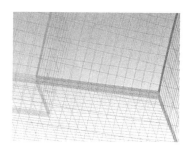

(a)网格总体图　　　　　　　　　　(b)控制流道局部放大图

图 5.5　流固耦合计算模型网格

将上述流固耦合系统的层板和推进剂物性及边界条件施加到离散模型上,迭代计算到稳态,得到太阳能热推力器层板换热芯的温度场和流场。

5.2.2 单通道分布特性

经过流固耦合计算,单通道模型的整体三维温度分布如图 5.6 所示。流体部分与固体部分的温度变化呈现明显的差异。

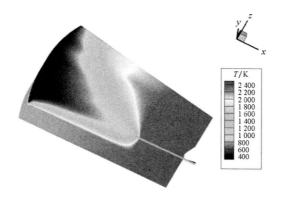

图 5.6 层板单通道模型的三维温度分布

沿垂直于 z 轴方向对层板流道内的流体温度分布进行剖面分析,如图 5.7 所示为由流道中心到层板壁面的温度分布变化规律,流道中工质的温度整体上呈现从中心到壁面逐渐升高的趋势。层板与推进剂的换热主要在散布流道内进行,控制流道内工质的温度变化较小。图 5.7(a)为流道中心主流温度在层板出

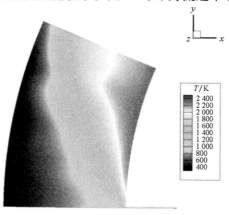

(a) z 轴坐标0,流道对称面

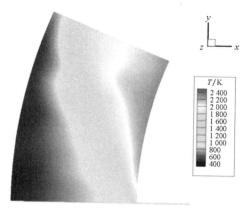

(b) z轴坐标0.03mm

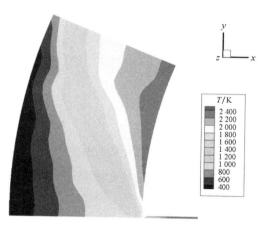

(c) z轴坐标0.08mm

图5.7　层板流道内流体剖面温度分布

口已经加热至 1 800K,流道边缘温度达到了 2 200K 以上,接近层板壁温的边界条件。图 5.7(b)显示了 0.03mm 处的温度分布,相比于对称面,变化已经比较明显。图 5.7(c)为控制流道贴近层板壁面的温度分布,可见流道出口的推进剂温度已经全部超过 2 300K,最高温度为 2 393K,与壁温 2 400K 接近一致。推进剂流过层板之后进入纵向夹层可以进一步加热,从而使推进剂整体温度超过 2 300K。而通过查询相关文献的仿真结果表明,采用螺旋通道结构,壁面加热温度为 2 300K 时,螺旋通道末端和夹层段的最高温度为 2 100K 以上,尚未达到 2 200K,可见层板换热结构的热效率更高。

图 5.8 显示层板固体部分沿垂直于 y 方向的温度分布剖面,可见层板温度存在从 2 000K 到 2 400K 之间的梯度变化。在以往的仿真工作中,推力器壁面的温度都是作为恒定的温度边界条件直接给定的,可见是存在一定误差的。流体温度与固体温度的相互影响因素很大,在不考虑系统与外界热交换的情况下,固体冷端的温度有 2 000K。可见在层板散布流道工质和层板壁面之间的热交换比较充分,层板加热效果比较好。

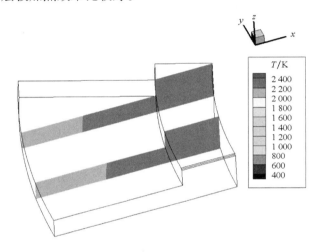

图 5.8   层板固体部分温度分布

沿垂直于 z 轴的方向对层板流道内的流体速度分布进行剖面分析,图 5.9(a) ~ (c)分别显示了由流道中心到层板壁面的速度分布变化规律,由于边界层的存在,流道中工质的速度整体上呈现从中心到壁面逐渐降低的趋势。层板的控制流道则起到了加速推进剂的作用,控制流道中心的最高速度达到了2 500m/s,其当地马赫数在0.6 到0.7 之间变化。

层板流道内的压强分布如图 5.10 所示。

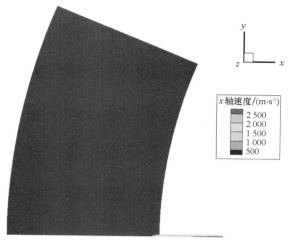

(a) z轴坐标0，流道对称面

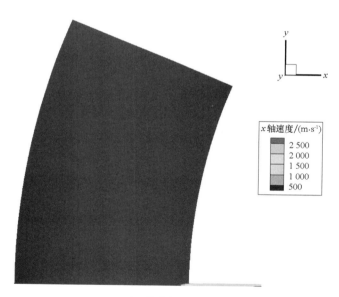

(b) z轴坐标0.03mm

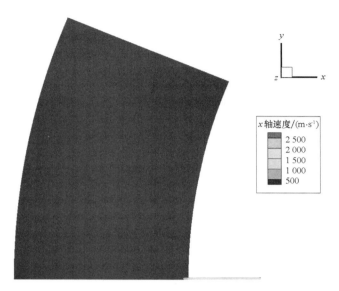

(c) z轴坐标0.05mm

图 5.9　推进剂在层板流道内的速度分布切片

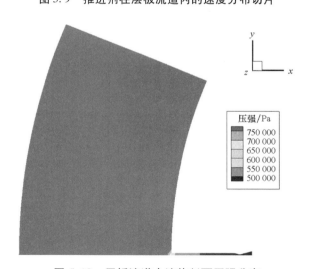

图 5.10　层板流道内流体剖面压强分布

5.3　层板结构参数对换热芯加热效果的影响

5.3.1　控制流道长度的影响

层板的结构设计在很大程度上会影响换热芯的加热效果,仿真研究从控制流道长度和截面积、散布区和控制区长度比等方面进行对比分析。先建立不同控制流道长度的层板模型,分析控制流道长度对层板加热效果的影响;同时,对无控制流道的平板结构进行仿真,其相当于控制流道长度为 0 的工况,对仿真结果一起对比分析。为设计最优的层板结构尺寸,重点对比控制流道长度对加热温度和速度等参数的影响。

5.3.1.1　流体区域分布特性

图 5.11 显示了不同控制流道长度下,层板对称面上的推进剂静温分布。对比静温分布可知,采用无控制流道的平板结构推进剂的加热效果是最差的,加热后的最高静温只有 1 500K。采用控制流道后,推进剂被加热的温度明显升高。在 5mm 长的控制流道内,推进剂在进入控制流道前被压缩和加热至一个较高的温度(约 1 800K),如图 5.11(f)所示;经过控制流道后,推进剂在控制流道后的散布区继续被加热至 2 200K 以上。

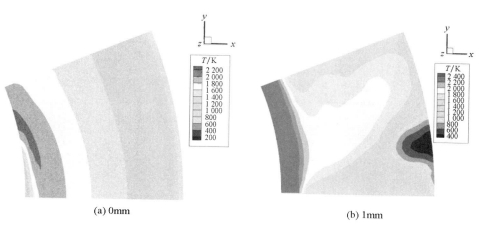

(a) 0mm　　　　　　　　　　　　　　(b) 1mm

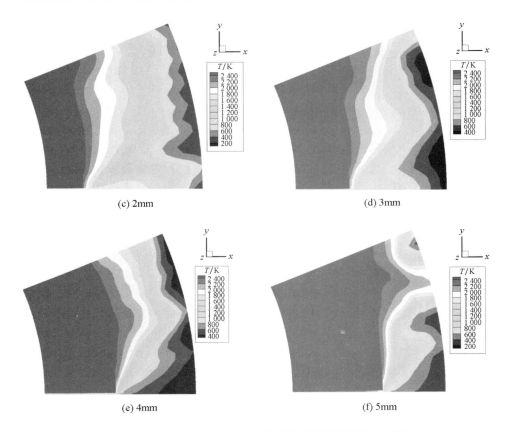

图 5.11　不同控制流道长度下换热芯对称面静温分布对比

对不同控制流道长度层板结构的计算结果进行对比分析,如表 5.1 所示。通过面积积分计算了换热芯出口截面的平均静温和平均总温,对比发现控制流道长度为 2~3mm 时,换热芯出口的静温和总温总体效应较高。

表 5.1　不同控制流道长度层板参数对比

长度/mm	静温/K	速度/(m·s⁻¹)	总温/K
1	2 162	845	2 186
2	2 192	871	2 163
3	2 137	867	2 163
4	1 962	909	1 990
5	1 970	795	1 993

图 5.12 显示了不同控制流道长度下换热芯出口的平均静温和平均总温的变化趋势。由图可见 2mm 的设计方案在几种设计中存在平均温度的最佳值。

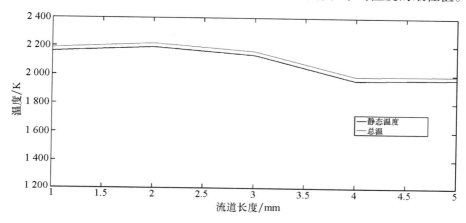

图 5.12　不同控制流道长度下换热芯出口的平均静温和平均总温对比

图 5.13 显示了不同控制通道长度下换热芯出口截面静温分布,可更加明显地看出几种设计的温度分布变化趋势。随着控制流道的增长,出口截面高温区所占的比例逐渐增大。这是由于散布区长度的减小,降低了推进剂经过控制流道之后的膨胀作用。5mm 的流道出口出现了推进剂温度继续降低,说明控制流道继续加长会降低对推进剂的加热效果。不同控制流道长度下换热芯对称面速度分布对比如图 5.14 所示,由图可知,虽然散布区的高温部分相对于主流部分的速度较小,但是在换热芯的出口并不是静止的,且速度都在 400m/s 以上。图 5.15 对比了不同控制流道长度下换热芯对称面静压分布,可见几种设计的压降随控制流道长度增加而增加,压降都集中在控制流道的长度方向上,流道长度增加的情况下,要保证产生一致的推力水平,需要提高整个系统的进口压强。当然流动区域的高速度主要是压降高带来的,在实际操作中还需要根据所需的推力来选择合适的压降,本书只在相同的压降下比较不同设计的加热效果。

因此,综合考虑,2~3mm 控制流道长度是几种设计方案中最优的。层板出口的推进剂平均温度为 2 192K。

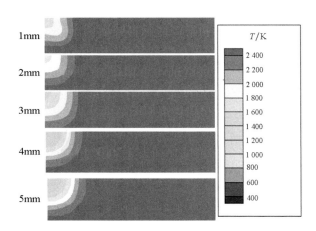

图 5.13　不同控制通道长度下换热芯出口截面静温分布

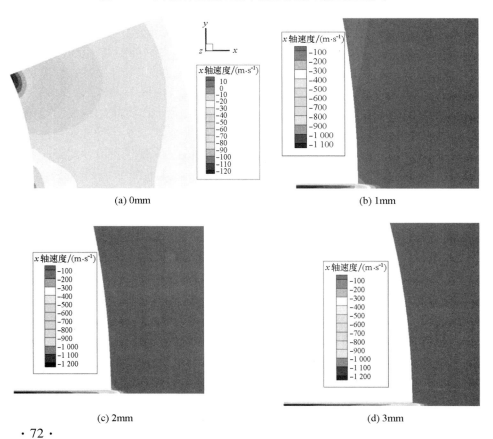

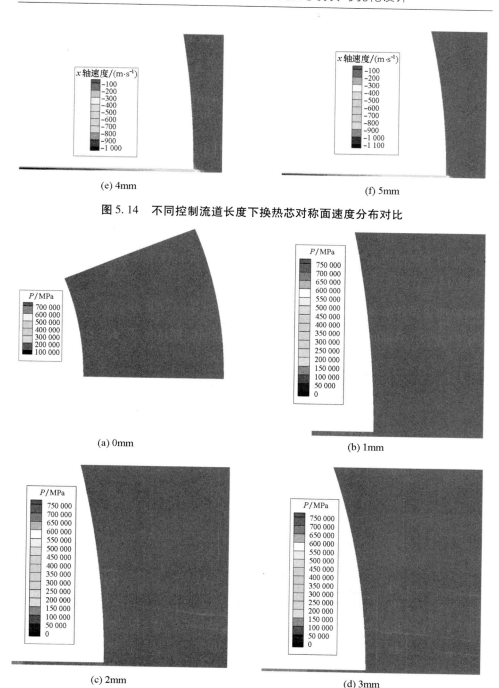

(e) 4mm

(f) 5mm

图 5.14　不同控制流道长度下换热芯对称面速度分布对比

(a) 0mm

(b) 1mm

(c) 2mm

(d) 3mm

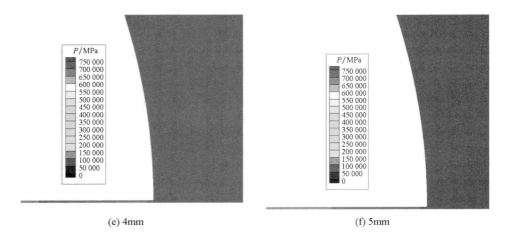

(e) 4mm   (f) 5mm

图 5.15   不同控制流道长度下换热芯对称面静压分布对比

5.3.1.2   固体区域温度分布特性

不同控制流道长度的层板固体区域温度分布如图 5.16 所示,从内侧(贴近吸收腔)到外侧温度呈线性递减的规律。比较外侧低温端的温度可知在同样的加热条件下,2mm 控制流道设计的层板固体温度最低区域较大,4mm 的温度最低区域最小,可知 2mm 工况设计工质对层板结构的冷却效果比较好,从而推进剂从层板获得的能量也最多。

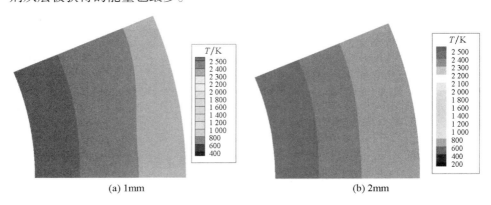

(a) 1mm   (b) 2mm

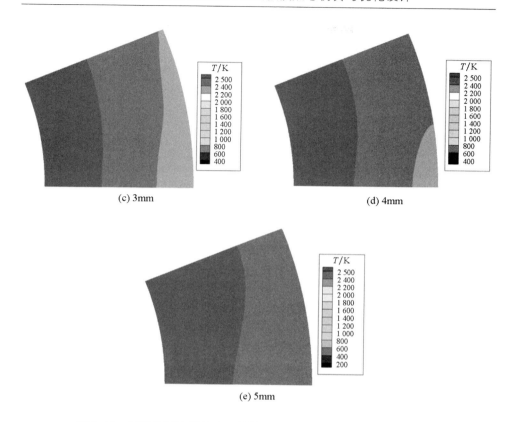

图 5.16　不同控制流道长度下换热芯固体区域对称面温度分布对比

5.3.2　控制流道截面积对层板换热的影响

控制流道截面积也是影响层板换热芯加热效果的一个重要因素。以控制流道长度 2.5mm 为例,分别计算控制流道截面积为 0.01mm^2、0.02mm^2 和 0.03mm^2 的情况。三种情况对称面的静温云图分布如图 5.17 所示。

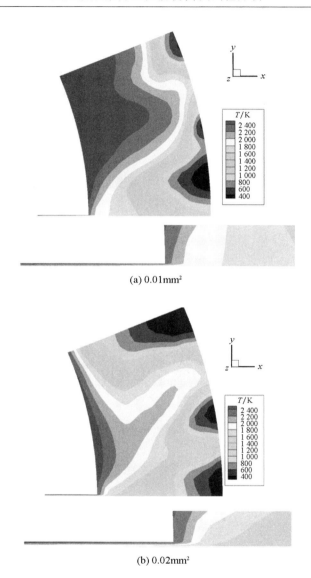

(a) 0.01mm²

(b) 0.02mm²

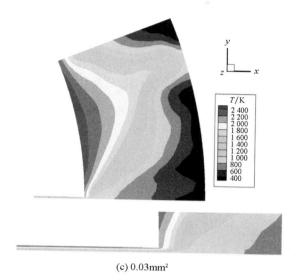

(c) 0.03mm²

图 5.17　层板不同控制流道横截面积对比图

　　选取平均静温分布最低的对称面进行对比,其他位置的静温更高,特别是近壁面的温度在出口已经在 2 300K 以上。对比对称面的静温分布云图,可以明显看出在后段散布区,0.01mm² 流道设计具有最好的加热效果,在流道出口处可加热到 2 300K 以上。而在同样的工况下,0.02mm² 流道和 0.03mm² 流道分别只能加热至约 2 200K 和 2 000K。三种设计的层板出口温度对比如表 5.2 所示。由此可见,随着控制流道横截面的增大,换热芯对工质的加热效果降低。横截面积 0.01mm² 的控制流道在三种设计中具有最好的加热效果,横截面积为 0.02mm² 的控制流道加热效果次之。考虑到加工成本和加工工艺难度,不再选择更细的控制流道,选择 0.02mm² 作为最终设计方案,即选择半径为 0.08mm² 的圆形控制流道。

表 5.2　不同控制流道横截面积下层板出口温度对比

横截面积/mm²	静温/K	总温/K
0.01	2 356	2 402
0.02	2 279	2 321
0.03	1 980	2 016

第六章　变工况下层板换热芯加热仿真分析

6.1　引言

层板换热芯是太阳能热推进系统中推进剂工质被加热的主要部位,本章通过对层板结构的换热芯工作过程进行仿真计算分析,得到变工况下的推进系统的层板加热特性。

6.2　层板物理模型与计算方法

6.2.1　物理模型

变工况太阳能热推进系统的性能在很大程度上取决于高效率的换热微流道,层板换热性能的优劣直接影响工质气体进入喷管前的热力性能参数。

变工况太阳能热推力器换热芯采用层板换热微流道结构通过多条流道分流的方式增大了推进剂工质与换热芯壁面的换热面积,使得气体推进剂工质在换热芯内得到充分的加热,提高了推进剂工质在换热微流道内的对流换热效率。变工况太阳能推力器如图 6.1 所示。换热芯结构在 5.2.1 节中已描述。

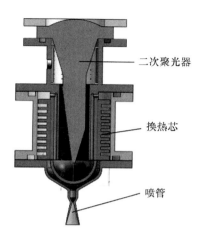

二次聚光器

换热芯

喷管

图 6.1　变工况太阳能热推力器

图 6.2(a)所示为实物模型,考虑到换热微流道实际形状和竖直夹层的影响,采用结构网格划分层板模型得到的结果如图 6.2(b)所示。

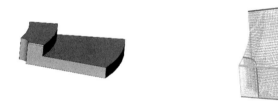

(a)实物模型　　　　　　　　　　　　(b)网格划分

图 6.2　圆形换热微流道三维网格图

6.2.2　控制方程

在柱坐标系下,三维守恒形式的 NS 方程可写为:

$$\frac{\partial Q}{\partial t} + \frac{\partial E}{\partial x} + \frac{\partial F}{\partial y} + \frac{\partial G}{\partial z} = \frac{\partial E_\nu}{\partial x} + \frac{\partial F_\nu}{\partial y} + \frac{\partial G_\nu}{\partial z} \tag{6.1}$$

其中,各项为:

$$Q = \begin{bmatrix} \rho \\ \rho u \\ \rho v_\theta \\ \rho v_r \\ \rho E \end{bmatrix}, \quad E = \begin{bmatrix} \rho u \\ P + \rho u u \\ \rho v_\theta u \\ \rho v_r u \\ \rho H u \end{bmatrix}, \quad F = \begin{bmatrix} \rho v_\theta \\ \rho v_\theta u \\ P + \rho v_\theta v_\theta \\ \rho v_\theta v_r \\ \rho H v_\theta \end{bmatrix}, \quad G = \begin{bmatrix} \rho v_r \\ \rho v_r u \\ \rho v_\theta v_r \\ P + \rho v_r v_r \\ \rho H v_r \end{bmatrix},$$

$$E_v = \begin{bmatrix} 0 \\ \tau_{xx} \\ \tau_{\theta x} \\ \tau_{rx} \\ u\tau_{xx} + v_\theta \tau_{\theta x} + v_r \tau_{xx} - q_x \end{bmatrix}, \quad F_v = \begin{bmatrix} 0 \\ \tau_{x\theta} \\ \tau_{\theta\theta} \\ \tau_{r\theta} \\ u\tau_{x\theta} + v_\theta \tau_{\theta\theta} + v_r \tau_{x\theta} - q_\theta \end{bmatrix},$$

$$G_v = \begin{bmatrix} 0 \\ \tau_{xr} \\ \tau_{\theta r} \\ \tau_{rr} \\ u\tau_{xr} + v_\theta \tau_{\theta r} + v_r \tau_{rr} - q_r \end{bmatrix}_\circ$$

式中:u、v_θ、v_r 为轴向 z、周向 θ 和径向 r 三个方向的速度大小,$V = [u, v_\theta, v_r]^T$;e 为单位质量流体所含的内能,则单位质量流体所含的总能量为 $E = e + \dfrac{1}{2}(u^2 + v_\theta^2 + v_r^2)$;$P$ 为流体压力;ρ 为流体密度。

在以上各向量中,剪切应力 τ_{ij} 及热传导项 q_i 的具体表达式如下:

$$\tau_{xx} = \mu\left(2\frac{\partial u}{\partial x} - \frac{2}{3}\nabla \cdot V\right) = \frac{2}{3}\mu\left(2\frac{\partial u}{\partial x} - \frac{\partial r v_r}{r\partial r} - \frac{\partial v_\theta}{r\partial\theta}\right) \qquad (6.2)$$

$$\tau_{rr} = 2\mu\frac{\partial v_r}{\partial r} - \mu\frac{2}{3}\nabla \cdot V = \frac{2}{3}\mu\left(2\frac{\partial r v_r}{r\partial r} - \frac{\partial v_\theta}{r\partial\theta} - \frac{\partial u}{\partial x}\right) - 2\mu\frac{v_r}{r} \qquad (6.3)$$

$$\tau_{\theta\theta} = 2\mu\frac{1}{r}\left(\frac{\partial v_\theta}{\partial\theta} + v_r\right) - \frac{2}{3}\mu\nabla \cdot V = \frac{2}{3}\mu\left(2\frac{\partial v_\theta}{r\partial\theta} - \frac{\partial r v_r}{r\partial r} - \frac{\partial u}{\partial x}\right) + \mu\frac{2v_r}{r} \qquad (6.4)$$

$$\tau_{x\theta} = \tau_{\theta x} = \mu\left(\frac{\partial v_\theta}{\partial x} + \frac{\partial u}{r\partial\theta}\right) \qquad (6.5)$$

$$\tau_{xr} = \tau_{rx} = \mu\left(\frac{\partial v_r}{\partial x} + \frac{\partial u}{\partial r}\right) = \mu\left(\frac{\partial v_r}{\partial x} + \frac{\partial r u}{\partial\theta r} - \frac{u}{r}\right) \qquad (6.6)$$

$$\tau_{r\theta} = \tau_{\theta r} = \mu\left(\frac{\partial v_\theta}{\partial x} + \frac{\partial v_r}{r\partial\theta} - \frac{v_\theta}{r}\right) = \mu\left(\frac{\partial r v_\theta}{r\partial r} + \frac{\partial v_r}{r\partial\theta}\right) - 2\mu\frac{v_\theta}{r} \qquad (6.7)$$

$$\nabla \cdot \boldsymbol{V} = \frac{\partial u}{\partial x} + \frac{\partial r\nu_r}{r\partial r} + \frac{\partial \nu_\theta}{r\partial \theta} \tag{6.8}$$

$$q_z = -k\frac{\partial T}{\partial z}, q_\theta = k\frac{\partial T}{\partial \theta}, q_r = k\frac{\partial T}{\partial r} \tag{6.9}$$

傅里叶导热定律在固体中能量输运方程的微分方程为:

$$\frac{\partial^2 T}{\partial x_j \partial x_j} = 0 \tag{6.10}$$

式中:T 为固体温度。

采用有限元方法时,基于有限元方法的能量平衡方程为:

$$\boldsymbol{KT} = \boldsymbol{Q} \tag{6.11}$$

式中:$\boldsymbol{K}$ 为传导矩阵,$\boldsymbol{T}$ 为节点温度向量;$\boldsymbol{Q}$ 为节点热流率向量。

太阳光光谱辐射强度随着传输距离的变化规律如下式所示[108-110]:

$$I_{\lambda,L} = I_{\lambda,0}\exp\left[-\int_0^L \beta_\lambda(y)\mathrm{d}y\right] \tag{6.12}$$

式中:y 为光线的传播方向;$I_{\lambda,L}$ 为 $y=L$ 处的光谱辐射强度;$I_{\lambda,0}$ 为 $y=0$ 处的光谱辐射强度。β_λ 为光谱衰减系数:

$$\beta_\lambda(x) = \kappa_\lambda(x) + \sigma_{s\lambda}(x) \tag{6.13}$$

式中:κ_λ 为光谱吸收系数;$\sigma_{s\lambda}$ 为光谱散射系数。

采用标准的 $k-\varepsilon$ 双方程湍流模型,得到其基本的输运方程为:

$$\frac{\partial(\rho\varepsilon)}{\partial t} + \frac{\partial(\rho\varepsilon u_i)}{\partial x_i} = \frac{\partial}{\partial x_j}\left[\left(\mu + \frac{\mu_i}{\alpha_k}\right)\frac{\partial\varepsilon}{\partial x_j}\right] + B_{1\varepsilon}\frac{\varepsilon}{k}(T_k + B_{3\varepsilon}T_b) - B_{2\varepsilon}\rho\frac{\varepsilon^2}{k} + S_\varepsilon \tag{6.14}$$

$$\frac{\partial(\rho k)}{\partial t} + \frac{\partial(\rho k u_i)}{\partial x_i} = \frac{\partial}{\partial x_j}\left[\left(\mu + \frac{\mu_i}{\alpha_k}\right)\frac{\partial k}{\partial x_j}\right] + T_k + T_b - \rho\varepsilon - X_M + S_k \tag{6.15}$$

式中:T_k 和 T_b 分别为湍动能产生项和由于浮力引起的湍动能的产生项;X_M 为湍流中脉动项;S_k 和 S_ε 为用户定义的源项;α_k 和 α_ε 分别为与湍动能 k 和耗散率 ε 对应的普朗特数;$B_{1\varepsilon}$、$B_{2\varepsilon}$ 和 $B_{3\varepsilon}$ 为经验常数。

6.2.3　边界条件

换热芯内壁面与吸收腔壁面紧密接触,吸收腔内温度可达到 2 300K 以上,因此换热芯层板内壁面边界条件设置为 2 400K。

推进剂入口条件根据 3.6.3 节中各个工况计算结果得到,如表 6.1 所示,入口压强条件设置为 0.4MPa。

表 6.1   推进剂入口边界条件

工况	0.1N	0.2N	0.3N	0.4N	0.5N
质量流量/(10^5kg·s^{-1})	1.178	2.356	3.534	4.713	5.891
压强/MPa	0.6	0.6	0.6	0.6	0.6

6.3   层板温度分布特性

图 6.3 所示为经过流固耦合传热数值仿真计算,得到 1/8 层板和工质的温度分布情况。流体部分温度从初始的 300K 被加热到 1 800K,固体部分的温度从内侧的 2 400K 下降至 1 800K,呈现出较为明显的变化。由仿真结果可以得到,换热微流道的横截面积形状对加热效果基本影响不大,流道出口中心处工质加热后的温度都约为 1 800K。

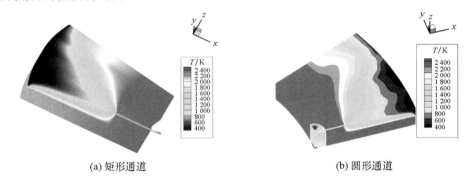

(a) 矩形通道   (b) 圆形通道

图 6.3   层板和工质温度分布情况

计算模型换热微流道的总深度为 0.08mm,图 6.4 所示为换热微流道温度分布变化情况,工质的温度分布整体上呈现从流道的入口到出口逐渐升高的趋势,并且温度分布从流道中心向层板壁面也逐渐升高。换热微流道是工质主要被加热的场所,但在流道内的温度梯度较小,工质在进入流道后迅速被加热至 1 400K 左右。从图 6.4(a)可以看出,流道对称面中心工质的温度在层板出口处已经被加热至约 1 800K,在流道靠近层板处工质的温度也已经达到了 2 200K 以上。流道深度为 0.04mm 处的工质温度分布如图 6.4(b)所示,可以看出在流道内靠近层板壁面的工质的温度接近 2 300K,整体温度分布情况与对称面的温度分布比较类似。图 6.4(c) 为换热微流道内贴近层板壁面的温度分布,此时流道出口处的工质温度基本上都达到 2 300K 左右。

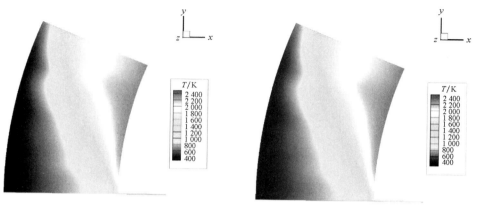

(a) 换热微流道对称面,微流道深度为0mm时　　　(b) 微流道深度为0.04mm时

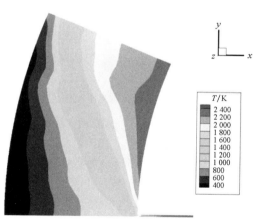

(c) 微流道深度为0.08mm时

图 6.4　换热芯层板内流体截面温度分布情况

沿着层板周向进行划分,图6.5所示为换热芯层板固体部分温度分布,由图可以看出换热芯内侧(即工质入口处)温度约为2 400K,外侧(即工质出口处)温度约为1 800K。总的来看,整个换热芯温度分布变化范围为1 800~2 400K。在仿真过程中采用了流固耦合的方法,流体与固体由于有着相互影响的制约,使得层板固体部分的温度随着流体的流动而呈现出梯度变化。从层板固体部分温度情况来考虑,固体冷端的温度为1 800K,固体热端温度为2 400K,工质对固体部分的冷却效果较好,体现工质被加热到了一个较高的温度。

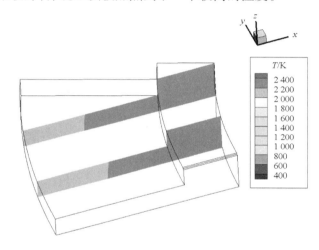

图6.5 换热芯层板固体温度截面分布特性

图6.6所示为对于不同层板换热微流道深度处进行截面提取,得到的流体速度分布规律。由图可以看出,在工质进入换热微流道前,工质流速约为500m/s,工质的速度并没有发生明显的变化;在换热微流道中心处工质流速最高,在对称面处流速最高可达到2 500m/s,在靠近壁面处流速约为1 000m/s,工质在流道中心的速度呈现向壁面处递减的规律,这是由于流体边界层的存在所引起的。

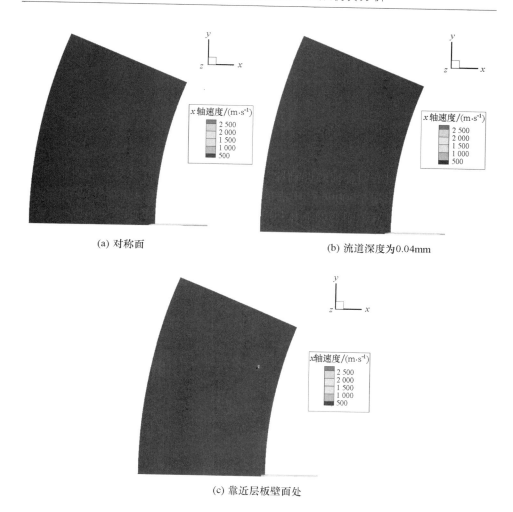

(a) 对称面　　　　　　　　　　　　　　　　(b) 流道深度为0.04mm

(c) 靠近层板壁面处

图6.6　不同流道深度截面内工质速度分布

　　图6.7所示为换热芯层板内,在流道对称面处换热微流道内的压力分布情况。由图6.7可知,经过换热微流道后流体温度和速度大大提高,流体压强逐渐降低,从入口处的0.4MPa逐渐降低到换热微流道出口处的0.3MPa左右。在换热芯内的压降约为0.1MPa,对推力器在变工况下的性能影响较小,因此在考虑改变推力器推力大小时,可以将推进剂入口压强保持在0.4MPa,仅通过改变太阳辐射能量值和推进剂流量大小来改变推力。

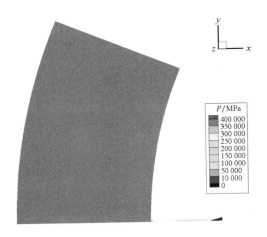

图 6.7　层板微流道内流体压强分布情况

6.4　变工况下层板结构参数对加热效果影响

6.4.1　流道横截面积

换热芯换热微流道横截面积的大小影响着工质在流道内被加热的效果,其对工质流速和温度有着一定的影响。仿真分析在不同换热微流道横截面积时的工质温度分布规律,取换热微流道长度 2.5mm,图 6.8 所示为不同情况下对称面的工质的静温云图分布。

通过对不同横截面积的流道工质温度分布规律云图进行分析,可以明显看出在换热微流道内,0.01mm² 流道设计具有最好的加热效果,在流道出口处可加热到 2 300K 以上。而在同样的工况下,0.02mm² 流道和 0.03mm² 流道分别只能加热至约 2 200K 和 2 000K。由此可见,横截面积越小,工质被加热的温度越高,工质获取的内能也就越大,推力器获得的动能也就越大,性能也越好。

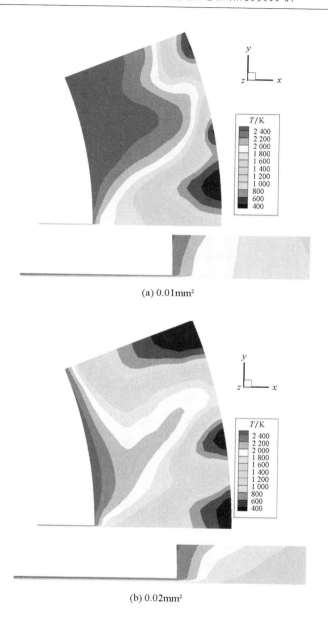

(a) 0.01mm²

(b) 0.02mm²

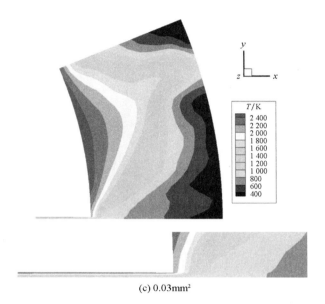

(c) 0.03mm²

图 6.8 层板不同换热微流道横截面积静温对比图

分别对不同流道横截面积的层板出口处截面温度分布进行积分计算,表 6.2 所示为三种不同流道横截面积的层板出口处温度对比情况。由此可见,随着换热微流道横截面积的增大,换热芯对工质的加热效果有所降低。仿真结果表明,横截面积为 0.01mm² 的换热微流道具有最好的加热效果,横截面积为 0.02mm² 的换热微流道加热效果次之,横截面积为 0.03mm² 的换热微流道加热效果最差。结合推力器加工的经济成本和工程上对孔径加工的难易程度,综合考虑选取横截面积为 0.02mm² 的圆形换热微流道。

表 6.2 不同流道横截面积下层板出口处温度对比

横截面积/mm²	静温/K	总温/K
0.01	2 356	2 402
0.02	2 279	2 321
0.03	1 980	2 016

6.4.2　流道长度影响

换热芯层板的结构参数在一定程度上会影响层板的加热效果,仿真研究不同换热微流道长度和截面积对加热效果的影响。

针对不同长度的换热微流道,数值仿真得到层板对称面上的工质温度分布云图如图6.9所示。换热微流道对工质加热效果非常明显。仅采用平行层板对工质进行加热,加热效果非常差,工质解热后温度仅有1 000K左右;采用换热微流道后,工质可被加热至1 800K以上。

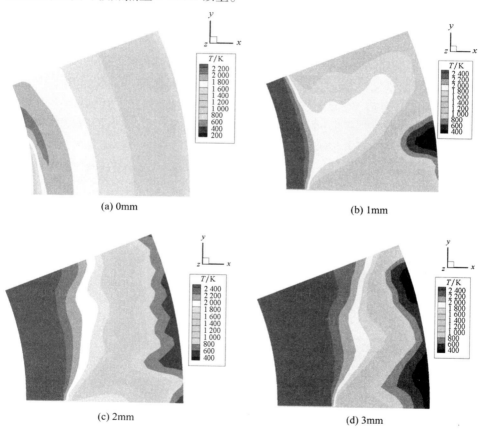

(a) 0mm

(b) 1mm

(c) 2mm

(d) 3mm

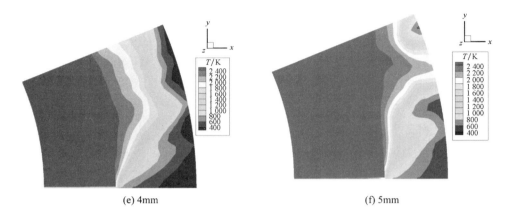

(e) 4mm   (f) 5mm

图 6.9　对称面截面处不同流道长度时工质温度的分布规律

通过对流道出口截面进行面积分,得到出口处的截面平均静温和平均总温如表 6.3 所示。随着流道长度的增加,出口横截面的静温先增大后减小再增大的变化趋势,出口横截面处的工质速度也呈现出先增大后减小再增大的变化规律,而总温的变化则相对单调,随着长度的增加而逐渐变小。综合分析得到,在换热微流道长度为 2 ~ 3 mm 时,流道出口处的总温较高,流速较高,有利于提升推力器的整体性能。

表 6.3　不同长度换热微流道层板流道出口温度和速度对比

长度/mm	静温/K	速度/(m·s⁻¹)	总温/K
1	2 162	845	2 186
2	2 192	871	2 163
3	2 137	867	2 163
4	1 962	909	1 990
5	1 970	795	1 993

图 6.10 显示了不同换热微流道长度下换热芯出口的平均静温和平均总温的变化趋势图。工质在进入换热微流道后被迅速加热至较高温度,流道越长,在流道内工质的流速越大,加热效果会有所降低。考虑到推力器的整体质量要求和结构的设计,2 ~ 3 mm 长的换热微流道的设计方案较好。

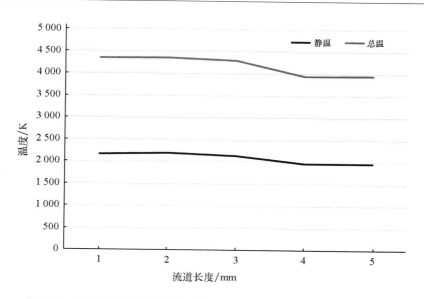

图 6.10　不同换热微流道长度下换热芯出口的平均静温和平均总温对比

不同换热微流道长度下换热芯出口截面静温分布如图 6.11 所示。由图可以看出,换热微流道长度增大,在流道出口截面处高温区所占的比例也逐渐增大。这是由于换热微流道越长,推进剂进入流道前被压缩得更加厉害,温度梯度较大。在流道长度大于 3mm 后,流道出口出现了推进剂温度低温区增大、高温区占比减小的趋势,说明换热微流道继续加长会降低对推进剂的加热效果。不同换热微流道长度下换热芯对称面工质速度分布对比如图 6.12 所示,由图可知,虽然出口的高温部分相对于主流部分的速度较小,但是在换热芯的出口并不是静止的,且速度最小都在 500m/s 以上。

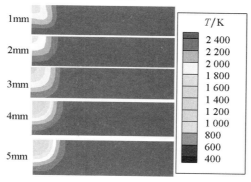

图 6.11　不同控制通道长度下换热芯出口截面静温分布

因此,使用 2 ~ 3mm 换热微流道长度是加热效果最优的,得到层板出口的推进剂平均温度为 2 192K。

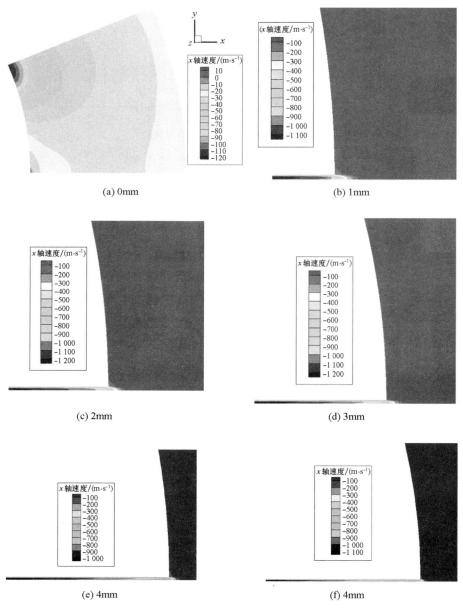

(a) 0mm

(b) 1mm

(c) 2mm

(d) 3mm

(e) 4mm

(f) 4mm

图 6.12　不同换热微流道长度下换热芯对称面工质速度分布对比

图 6.13 所示为对不同长度换热微流道进行仿真分析得到层板固体部分温度分布情况。由图可以看到,层板固体部分温度分布呈现由内向外逐渐降低的变化趋势。固体部分内外温差越大,工质带走的热量越多,表明层板的换热效率

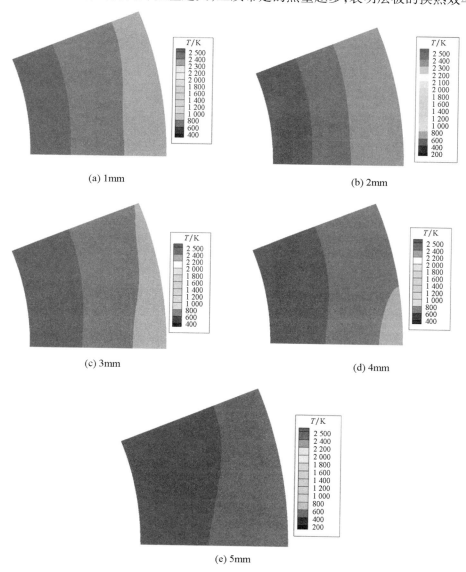

(a) 1mm   (b) 2mm

(c) 3mm   (d) 4mm

(e) 5mm

图 6.13 不同换热微流道长度下换热芯固体区域对称面温度分布对比

越高,也就是说,工质的温度就越高。因此,2mm 的换热微流道设计加热效果是最好的,层板流道尺寸总长约为8mm,可知换热微流道2mm 即四分之一总长时,工质从层板获得的能量最多。

第七章　太阳能热推进氨气推进剂离解特性仿真

7.1　引言

　　太阳能热推进系统理想的工作温度一般要在 2 200K 以上，在这种情况下氨气（NH₃）会发生离解，以单一的氨气推进剂进行计算和分析推力器的性能是不准确的，需要考虑氨气离解后的混合物组分。氨气离解后的混合物由原子和分子组成，由于温度通常不会超过 3 000K（耐高温材料当前很难达到该水平），因此可完全忽略离子组分的存在。振动激发只考虑氮和氢分子，它们具有稳定的振动激发水平。本章研究的重点在于计算化学反应对推进剂加热温度和推力器性能的影响。在实际的三维流场中，氨气推进剂混合物的离解特性和温度变化完全不同于集中参数特性，通过数值仿真得到了三维的流场分布与组分分布规律，下面主要讨论换热芯和喷管内的流动与组分变化规律。

7.2　离解反应模型与计算方法

7.2.1　离解反应模型

　　氨气离解过程采用有限速率化学反应方法进行计算，流动控制方程采用三维可压缩 NS 方程，利用有限体积法求解，离散格式采用二阶迎风格式。

　　氨气离解后的主要组分有：N、H、N_2、H_2、NH、NH_2、NNH、N_2H_2。在 2 000 ~ 3 000K 的温度范围内，其中主要涉及的化学反应[96]如表 7.1 所示。

表 7.1　氨气离解反应的 Arrhenius 系数

反应序号	反应	A	δ	$E_a/(\mathrm{J \cdot mol^{-1}})$
1	$NH_3 + M = NH_2 + H + M$	2.20×10^{16}	0.00	93 468
2	$NH_3 + H = NH_2 + H_2$	6.36×10^5	2.39	10 171
3	$H_2 + M = H + H + M$	2.19×10^{14}	0.00	95 970
4	$NH + M = N + H + M$	2.65×10^{14}	0.00	75 500
5	$NH + H = H_2 + N$	3.60×10^{13}	0.00	325
6	$NH + N = N_2 + H$	3.00×10^{13}	0.00	0.0
7	$NH + NH = N_2 + H + H$	5.10×10^{13}	0.00	0.0
8	$NH_2 + M = NH + H + M$	3.16×10^{23}	-2.0	91 400
9	$NH_2 + H = NH + H_2$	4.00×10^{13}	0.0	3 650
10	$NH_2 + N = N_2 + H + H$	7.20×10^{13}	0.0	0
11	$NH_2 + NH = N_2H_2 + H$	1.50×10^{15}	-0.5	0
12	$NH_2 + NH_2 = NH_3 + NH$	5.00×10^{13}	0.0	10 000
13	$NH_2 + NH_2 = N_2H_2 + H_2$	5.00×10^{11}	0.0	0
14	$NNH + M = N_2 + H + M$	2.00×10^{14}	0.0	20 000
15	$NNH + H = N_2 + H_2$	4.00×10^{13}	0.0	3 000
16	$NNH + NH = N_2 + NH_2$	5.00×10^{13}	0.0	0
17	$NNH + NH_2 = N_2 + NH_3$	5.00×10^{13}	0.0	0
18	$N_2H_2 + M = NNH + H + M$	5.00×10^{16}	0.0	50 000
19	$N_2H_2 + H = NNH + H_2$	5.00×10^{13}	0.0	1 000
20	$N_2H_2 + NH = NNH + NH_2$	1.00×10^{13}	0.0	1 000
21	$N_2H_2 + NH_2 = NNH + NH_3$	1.00×10^{13}	0.0	1 000

7.2.2　结构参数与网格划分

为提高换热效率,推力器换热芯设计采用了层板微流道结构,通过分流的方式,增大工质与推力室壁面的换热面积,提高换热通道内的对流换热效果,使工质在推力室内得到充分加热。层板设计为 9 层,单个层板设计厚度 2mm,层板内、外径分别为 32mm 和 49mm,层板的径向长度为 8.5mm;控制流道的直径为

0.16mm,控制流道长度为 1.5mm。计算区域主要由以下三部分组成：流固耦合的换热芯区、夹层区和喷管区，网格划分如图 7.1 所示。由于该推力器结构具有轴对称的结构特点，为减小计算量，计算时取推力器结构的单条流道的一半做对称处理，模型的上下左右面均为对称面，计算模型的周向角度为 22.5°。

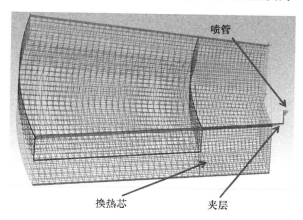

图 7.1　计算区域网格划分

7.2.3　边界条件

工质入口压力 $P_c = 0.8MPa$，入口温度 $T_i = 300K$，在考虑氨气离解反应的计算中，入口组分只有 NH_3。喷管出口为真空条件，静压为 $P_e = 0$，出口温度 $T_e = 300K$。换热芯内壁面太阳辐射功率为 $1.2 \times 10^6 W/m^2$，外壁面设置为绝热条件。

7.3　氨气推进剂离解反应对换热芯加热效果影响

7.3.1　一维流动特性仿真分析

为从整体上把握氨气的高温离解特性，采用 CHEMKIN 化学动力学程序计算了氨气在流动过程中的离解反应，得到了氨气高温离解一维流动的参数特性，流道长度为 0.3m。计算中给定氨气的初始温度，计算了氨气混合组分沿流动方向各组分的变化规律。图 7.2 显示了 2 400K 下氨气推进剂的离解特性，由图可见，H_2 和 N_2 是主要的生成物，N、H、NH、NH_2、NNH 和 N_2H_2 这几种中间产物的浓度都很小,在图中都接近0。

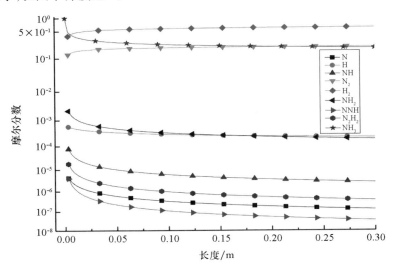

图7.2 2 400K下氨气推进剂的离解组分变化

图7.3 显示了离解后的混合物的平均摩尔质量在2 200K、2 400K 和2 600K 三种温度下的变化规律。随温度升高氨气的离解度增加,混合物的平均摩尔质量变得更小。沿工质流动路径,工质的平均摩尔质量也下降非常明显。以2 400K为例,在达到平衡的情况下,平均摩尔质量已经小于11g/mol。

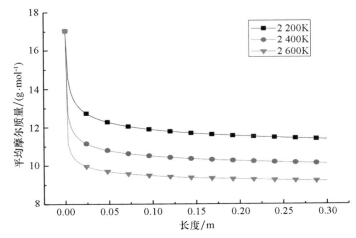

图7.3 混合物的平均摩尔质量变化

图 7.4 显示了氨气推进剂被加热后温度对其摩尔分数变化的影响,图 7.5 显示了加热温度对氨气离解度的影响。由图 7.4 可见,随着温度的升高,氨气的离解程度加剧,温度达到 2 600K 以上时,平衡时氨气在混合物中的摩尔分数只有 0.1,此时的离解度为 0.85。而温度在 2 200K 时,氨气在混合产物中的摩尔分数在 0.4 左右,此时的离解度为 0.50。这种离解程度是基于氨气推进剂流动

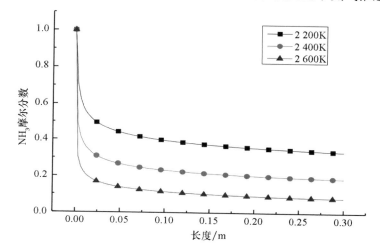

图 7.4　不同温度下氨气的摩尔分数变化规律

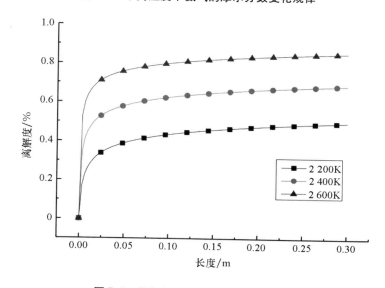

图 7.5　不同温度下氨气的离解度变化

中温度一致性来计算的,在实际的流场中,因为存在温度和速度分布不均匀的情况,所以实际的离解度比该分析值要小,相应的氨气的摩尔分数要大。

7.3.2 分布参数特性仿真分析

推进剂入口组分初始状态均为氨气。在这种工况下建立三维流固耦合传热模型进行离解反应仿真。

图7.6显示了氨气推进剂混合气体温度三维分布云图,图7.6(a)和图7.6(b)为不同角度的显示。在层板换热芯部分,因为氨气离解过程是吸热反应,所以考虑离解反应的话,计算得到的温度分布比不考虑离解反应的温度略低。在是否考虑氨气离解反应时换热芯部分切片温度分布对比如图7.7所示,左侧图显示的为无离解反应的静温分布,右侧图显示的是考虑离解反应的静温分布。从图7.7中可以看出,层板换热芯部分,因为控制流道工质流速快,所以散布区接近控制流道的部分温度较低,散布区其他位置的温度高。但是经过夹层的进一步加热,具有温差的流动在夹层内汇合后温度逐渐达到一致,到喷管前端时,温度差别很小。考虑离解反应的工况在喷管入口的平均温度为2 323K,与不考虑离解反应的计算结果2 340K是很接近的。

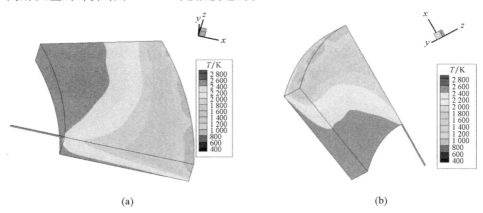

(a)   (b)

图7.6 氨气推进剂混合气体温度三维分布云图

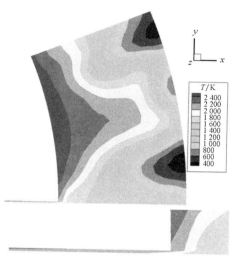

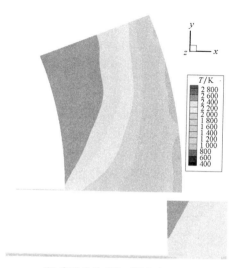

(a) 无反应时对称面温度分布

(b) 有反应时对称面温度分布

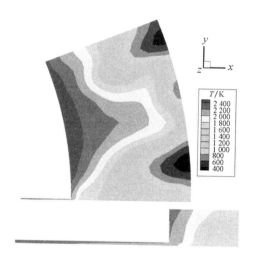

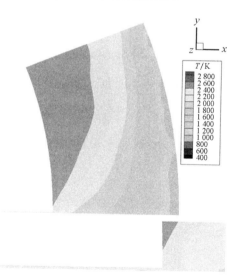

(c) 无反应时中间区温度分布

(d) 有反应时中间区温度分布

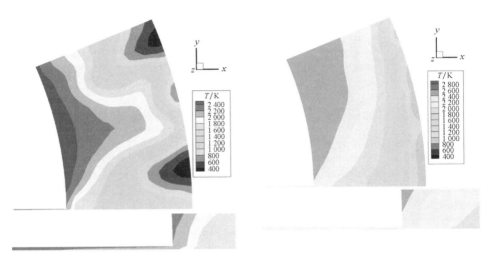

(e) 无反应时近壁面温度分布　　　　　　　(f) 有反应时近壁面温度分布

图 7.7　换热芯部分温度切片对比

图 7.8 所示为换热芯内的氨气离解组分质量分数分布变化。

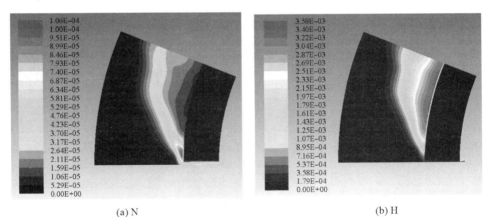

(a) N　　　　　　　　　　　　　　　　(b) H

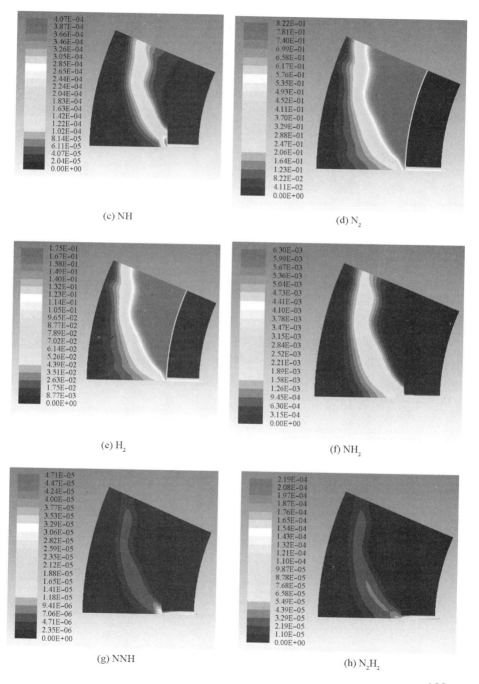

(c) NH

(d) N_2

(e) H_2

(f) NH_2

(g) NNH

(h) N_2H_2

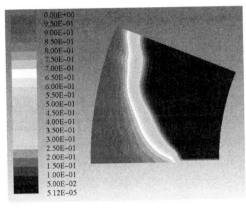

(i) NH_3

图 7.8 换热芯内的氨气离解组分分布变化

从图 7.8 中可以看出,氨气在控制流道内的离解还不充分,其在混合物中的质量分数在 30% 以上。随着在散布区扩散,同时温度不断升高,氨气的离解度不断增大。

经过换热芯和夹层的加热之后,在进入喷管前氨气离解以后各组分的质量分数和摩尔分数分布如表 7.2 所示。喷管入口的平均摩尔质量为 10.036g/mol。加热过程中的离解反应过程还不够充分,换热芯和夹层加热后氨气的离解反应不充分,离解度为 0.143。

表 7.2 喷管入口的组分分布

组分	质量分数	摩尔分数
N	7.4×10^{-5}	5.31×10^{-5}
H	2.37×10^{-4}	2.36×10^{-3}
NH	2.98×10^{-4}	1.99×10^{-4}
N_2	0.568	0.204
H_2	0.123	0.612
NH_2	3.01×10^{-3}	1.88×10^{-3}
NNH	3.32×10^{-5}	1.15×10^{-5}
N_2H_2	1.64×10^{-4}	5.47×10^{-5}
NH_3	0.305	0.180

7.4　氨气推进剂离解反应对喷管性能影响

　　本节分析氨气推进剂离解反应对喷管性能的影响。不考虑氨气离解反应的喷管流动速度矢量分布如图 7.9 所示。经过积分计算,喷管的比冲为 219s。考虑氨气离解反应的喷管流动速度矢量分布如图 7.10 所示。考虑化学反应,系统的比冲会提高到 251s。主要原因在于氨气离解后,工质的平均摩尔质量减小。计算得到工质的平均摩尔质量沿喷管轴向的变化从 14.8g/mol 减小到 13.8g/mol,经过喷管喉部之后,由于工质温度迅速降低,离解反应不再发生,工质的平均摩尔质量也不再发生变化。而无化学反应的氨气推进剂摩尔质量为 17g/mol,比冲的变化比例与仅考虑摩尔质量减小带来的理论上的比冲提高是一致的。由此可见考虑氨气离解反应,推力器的实际工作性能有一个很大的提高,氨气作为推进剂也更加具有竞争力。

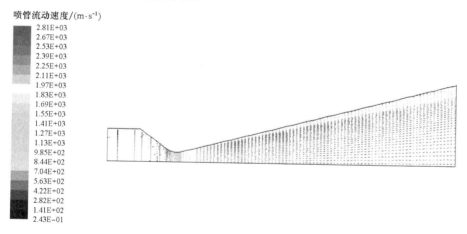

图 7.9　不考虑氨气离解反应的喷管流动速度矢量分布

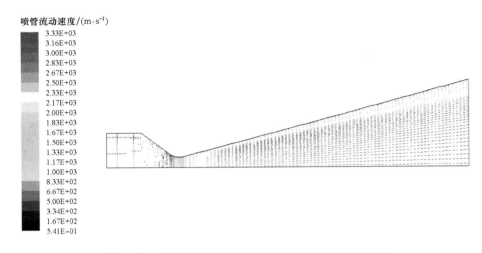

喷管流动速度/(m·s⁻¹)

图 7.10　考虑氨气离解反应的喷管流动速度矢量分布

　　推力器换热芯的加热温度进一步提高,氨气的离解度将增加,则推力器的比冲可以进一步提高。不考虑离解反应,喷管入口温度为 2 540K,推力器的比冲为 224s;而考虑氨气离解反应,喷管入口温度为 2 540K,氨气的离解度为 43%,推力器比冲可以达到 302s,可见推力器性能有大幅的提高。虽然氨气离解反应会使工质混合物的温度略低于单一工质的情况,但是并不影响经过喷管后推力器的比冲的提高。

　　喷管内各组分在换热芯壁温 2 400K 工况下质量分布变化云图如图 7.11 所示。由图可知,在喷管收缩段由于温度较高,离解反应仍然进行,因此 NH_3 的质量分数仍不断减少;而在喷管扩张段由于温度较低,反应已基本不再发生,因此 NH_3 组分的质量分数基本维持不变,其他的组分也很难再复合为 NH_3。N_2 和 H_2 组分的分布变化规律相似,在喷管收缩段浓度增加,经过喉部之后,扩散段的浓度基本不再变化且分布均匀。其他的组分均为浓度较低的组分,更多是作为中间产物,存留时间短,很快转化为更加稳定的 N_2 和 H_2。少量组分 N、H、N_2H_2,变化规律类似,沿喷管流动方向浓度增加,且分布特性与温度云图相似,说明随着温度的降低,N、H 和 N_2H_2 的生成反应占据主导,浓度有增加,但是由于其整体浓度只有 $10^{-5}\sim10^{-4}$ 量级,对于喷管性能的影响是很小的。NH 和 NH_2 浓度变化相似,沿喷管流动方向浓度降低。浓度范围分别为 10^{-4} 和 10^{-3} 量级。NNH 浓度在收缩段减小,在喉部有最小值,扩张段又逐渐增大,浓度为 10^{-5} 量级。通过分析可知,N、H、NH、NH_2、NNH 和 N_2H_2 等在最终产物中的摩尔百分比很小,不影响推力器喷管的性能,但是它们是生成最终产物 N_2 和 H_2 重要中间产物,其作用是不容忽视的。喷管内各组分在换热芯壁温 2 600K 工况下对应的摩尔分数变化如图 7.12 所示。

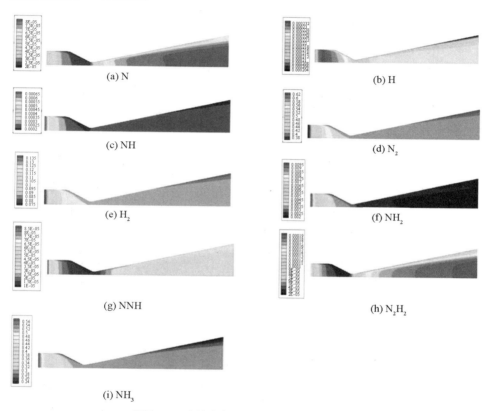

(a) N

(b) H

(c) NH

(d) N_2

(e) H_2

(f) NH_2

(g) NNH

(h) N_2H_2

(i) NH_3

图 7.11　喷管内各组分质量分数分布变化

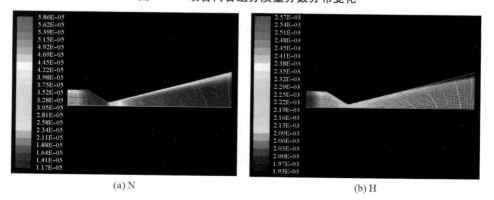

(a) N

(b) H

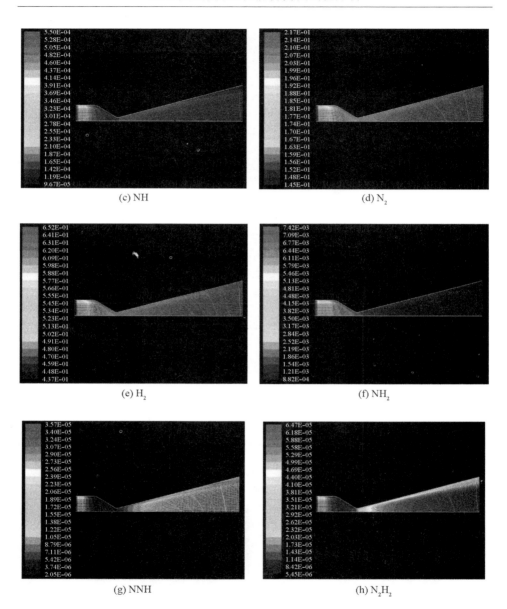

(c) NH

(d) N_2

(e) H_2

(f) NH_2

(g) NNH

(h) N_2H_2

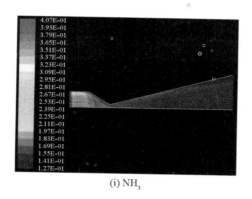

(i) NH₃

图 7.12　喷管内各组分摩尔分数分布变化

离解组分的主要成分 N_2、H_2 和 NH_3 沿喷管方向的摩尔分数变化如图 7.13 所示。N_2 和 H_2 的摩尔分数在喷管入口增加一段后就不再变化,原因在于喷管内的温度不足以维持其离解反应,喷管扩张段也没有变化,处于冻结流的状态。

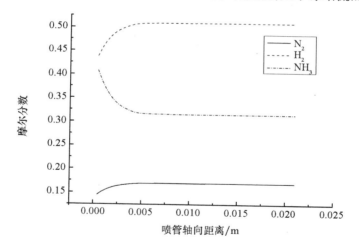

图 7.13　N_2、H_2 和 NH_3 沿喷管方向的变化

图 7.14 显示了所有组分的变化规律,由图可知,离解产物在喷管内的变化特点与上一节一维流动仿真具有相似的规律。同时可以看出,在喷管内 N、H 等中间产物的摩尔分数都非常小,这是因为 N、H 等中间产物不稳定,都会进一步结合为 N_2 和 H_2。

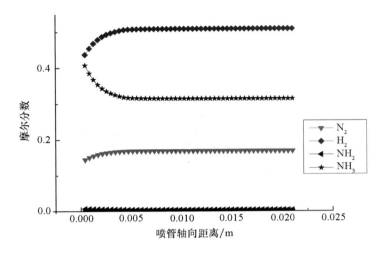

图 7.14　离解产物沿喷管方向的摩尔变化

图 7.15 显示了各个基元反应在喷管内反应速率的变化趋势,可见反应主要集中在喷管入口处,随着喷管内混合产物温度的降低,反应速率逐渐减少到 0,各个基元反应也不再发生。

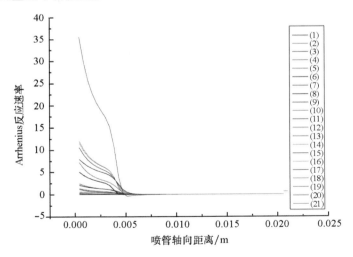

图 7.15　各个基元反应在喷管内反应速率的变化趋势

第八章　太阳能热推进一体化设计与任务优化

8.1　引言

前文对太阳能热推进系统的二次聚光器、吸收腔、换热芯和喷管进行了一体化设计,采用再生冷却和层板换热技术将几个部件高效地结合起来,本章从整体上分析太阳能热推进系统的效率,采用量子遗传算法对空间任务应用进行多目标优化研究。

8.2　太阳能推进系统效率分析

以太阳能热推力器的推进剂为研究对象,根据能量平衡关系,推进剂气体焓升随时间的变化率等于推力器接收的太阳能功率与推力器对外部的热损失率之差:

$$\dot{m}(h_i - h_e) = \dot{Q}_{solar} - \dot{Q}_{loss} = \dot{Q}_{solar} - (1 - \eta)\dot{Q}_{solar} = \eta\dot{Q}_{solar} \tag{8.1}$$

式中:η 为太阳能热推力器换热效率;h_i、h_e 分别为推进剂在换热器进出口的比焓值;$\dot{Q}_{solar}$ 为主聚光器接收到的太阳能功率;$\dot{m}$ 为推进剂的质量流量。

推进系统热效率定义为:

$$\eta_t = \frac{\dot{m}h_e + \frac{1}{2}\dot{m}v_e^2}{\dot{m}h_i + P} \tag{8.2}$$

推进效率可定义为:

$$\eta = \frac{\dot{m}v_e^2}{2(\dot{m}h_i + P)} \tag{8.3}$$

在设计太阳能热推力室参数时,选取推进剂氢气的膜温度 1 300K 作为定性温度。经查表得，密度 $\rho = 0.018\ 9\text{kg/m}^3$，摩尔质量 $M = 2.016 \times 10^{-3}\text{kg/mol}$，比热比 $\gamma = 1.404$，平均定压比热容 $C_p = 1.56 \times 10^4\text{J/(kg} \cdot \text{K)}$，动力黏度 $\mu = 24.08 \times 10^{-6}\text{kg/(m} \cdot \text{s)}$，平均热导率 $k = 0.568\text{W/(m} \cdot \text{K)}$。

首先分析推力室压力和聚光比对推力器性能的影响。利用前文层板换热芯和再生冷却的仿真结果，计算得到推力器的比冲、推力和热效率等性能参数。

不同推力室压力下推进剂总温随聚光比的变化如图 8.1 所示。由图 8.1 可知，随着聚光比的增大，推进剂可获得的总温逐渐升高；并且随着推力室压力的增大，推进剂总温呈现整体降低的趋势。在压力大于 0.4MPa 时，推进剂的总温就很难达到 2 000K 了。不同推力室压力下系统热效率随聚光比的变化如图 8.2 所示。由图 8.2 可知，在固定推力室压力的情况下，随着聚光比的增大，推力器的热效率呈上升趋势；并且随着推力室压力增大，推力器的热效率呈现整体升高的趋势，而热效率随聚光比增大而增大的趋势也慢慢减小。室压大于 0.3MPa 以后，聚光比变化对热效率的影响可以忽略不计。室压 0.3MPa 是该工况下的临界点，在聚光比大于 5 000 以后，热效率的变化可以忽略。而 0.2MPa 的室压则存在效率过低的缺陷。

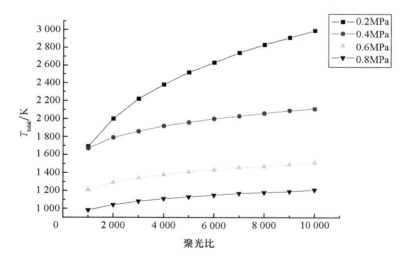

图 8.1　不同推力室压力下推进剂总温随聚光比的变化

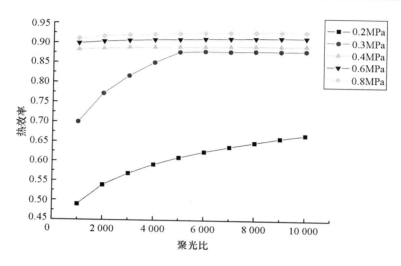

图8.2　不同推力室压力下系统热效率随聚光比的变化

而对于系统的推进效率,同样在室压大于0.3MPa以后,聚光比对效率的影响基本可以忽略,如图8.3所示。室压为0.3MPa时,聚光比大于5 000以后效率与0.4~0.8MPa是非常接近。而0.2MPa的室压同样存在效率过低的缺陷。

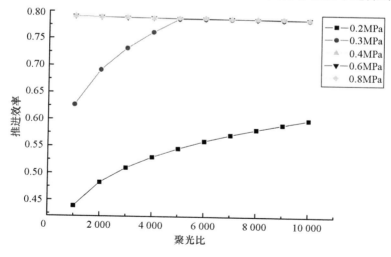

图8.3　不同推力室压力下系统推进效率随聚光比的变化

在不同的压力条件下,比冲和推力随聚光比的变化如图8.4和图8.5所示。由图8.4可知,随着聚光比的增大,推力器所获得的比冲逐渐增大;并且随着压力增大,推力器的比冲呈现整体下降的趋势。由图 8.5 可知,随着聚光比的增大,推力器所获得的推力呈下降趋势;并且随着压力增大,推力器的推力呈现整体升高的趋势,而在压力较小时,推力随聚光比的变化不明显。

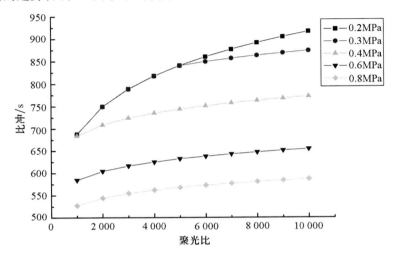

图 8.4 不同推力室压力下比冲随聚光比的变化

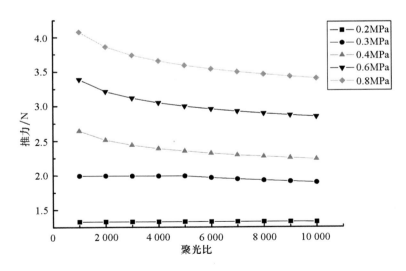

图 8.5 不同推力室压力下推力随聚光比的变化

综上分析可知,室压较大时如选择 0.8 MPa,可以获取较大的推力和较高的热效率,但是系统可获得的动能效率与 0.3 MPa 时提高不明显,而此时的比冲过低,因此这并不是理想的选择方案。综合比较可知 0.3MPa 的室压是比较合适的选择,比冲可大于 800s,同时推力在 2N 左右。同样对于其他直径的聚光器也存在一个较优的室压选择。根据不同的空间任务所需的比冲和推力,来设定室压才是可行的。

对于空间推进系统,比冲是非常重要的性能参数。下面分析在保证系统比冲最大的前提下,聚光器直径和聚光比对系统比冲、推力和热效率的影响。

在一定的聚光比下,吸收腔所能获得的最高温度是一定的,此时对应的比冲是在该聚光比下所能得到的最高比冲,不受输入能量的影响。推力器的吸收器所能达到的最高温度和最高比冲随聚光比的变化规律如图 8.6 所示。随着聚光比从 1 000 增大到 10 000,吸收器所能达到的最高温度从 1 680K 升高到 2 990K,最高比冲从 687s 升高到 916s。

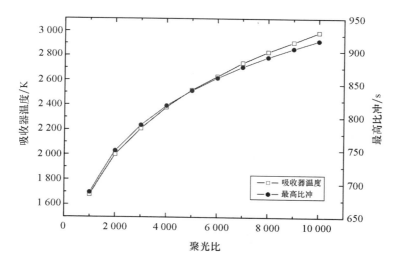

图 8.6　推力器最高温度和比冲随聚光比的变化

不同主聚光器直径下系统热效率随聚光比的变化如图 8.7 所示。由图 8.7 可知,随着聚光比的增大,推力器的热效率呈下降趋势;并且随着聚光器直径增大,即太阳光入射功率的增大,推力器的热效率呈现整体升高的趋势,而热效率随聚光比增大而下降的趋势也慢慢减小。对于采用 1m 直径聚光器的推进系统,推力器热效率受聚光比变化的影响最大,随聚光比增大,热效率从 0.845 下降到 0.796,变化幅度较大。对于采用 4m 直径聚光器的推进系统,推力器热效率受聚光比变化的影响最小,在同样的聚光比变化条件下,热效率仅从 0.884 降到 0.881。在同样的聚光比条件下,推力器可获取的温度是一定的,对应的热损失也是一定的,所以输入太阳功率小的情况下,热效率也相应较小。热损失在总能量中所占的比例大,所以对热效率的影响也比较剧烈。

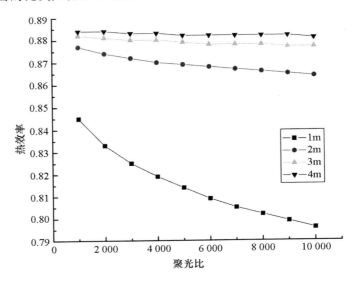

图 8.7　不同主聚光器直径下系统热效率随聚光比的变化

　　不同主聚光器直径下推力随聚光比的变化如图 8.8 所示。由图 8.8 可知,随着聚光比的增大,推力器所获得的推力呈下降趋势。并且随着聚光器直径增大,即太阳光入射功率的增大,推力器的推力呈现整体升高的趋势,这一点与热效率的变化相同。而与热效率变化不同的是,随着直径的增大,推力随聚光比增大而下降的趋势也慢慢增大。对于采用 4m 直径聚光器的推进系统,推力受聚光比变化的影响最大,随聚光比增大,推力从 4.682N 下降到 3.195N,变化幅度较大。而采用 1m 直径聚光器的推进系统,推力器推力受聚光比变化的影响最小,同样的聚光比变化条件下,推力仅从 0.277N 降到 0.178N。

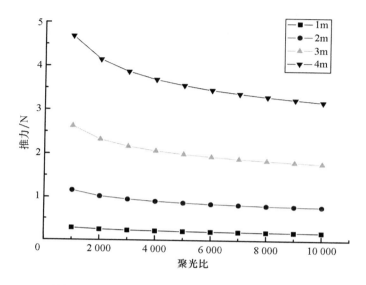

图 8.8　不同主聚光器直径下推力随聚光比的变化

8.3　太阳能热推进任务应用与优化

8.3.1　空间推进任务应用

用于空间推进的动力系统要求性能好、可靠性高、结构简单、使用寿命长,且能够在空间多次启动,太阳能热推进技术刚好可以满足这些性能需求。空间推进系统和有效载荷一起由运载火箭送入预定轨道,且系统中所用的推进剂也必须从起飞一直携带到预定轨道,因此空间推进系统的干质量影响到有效载荷,所携带推进剂的质量也影响到推进系统和航天器的使用寿命。也就是说,提高推进系统的比冲,或者大幅度减小空间推进系统的重量,使航天器在轨工作时间延长,从而增加航天器的使用寿命,降低费用。实践表明,单组元和双组元化学火箭推进系统高度发展、技术成熟、经久耐用,可以为航天器提供各种机动飞行所需的长期贮存和间断启动性能。然而化学推进系统的比冲相对较低(化学双组元推进系统的最大比冲约为450s)、系统复杂、笨重,如果对于航天飞行器的轨道转移、轨道修正、姿态控制、对接交会、位置保持、南北轨控和星际航行等特殊任务仍然采用化学推进系统,就会使航天飞行器发射成本居高不下,而且也会严重影响其使用寿命,那么进行远程的星际航行、深空探测就更是不可能的。

目前,各航天大国都在寻找性能高、成本低、体积小、质量小、功耗小的新型小推力非化学推进系统,其中具有吸引力且技术上较易实现的是电推进。电推进系统具有比冲高、推力小、质量小、体积小、消耗工质少、需要一定的电功率等特点。采用高比冲的电推进(比冲高达 300 ~ 5 000 s)可以大大节省燃料、增加有效载荷,对深空探测,特别是行星际探测有着巨大的意义。美中不足的是电推进系统的推力非常小(0.001 ~ 1 N),完成加速过程需要相当长的时间,这给利用小推力推进系统的轨道转移、提升和深空探测、星际航行任务的设计增大了难度。例如欧空局发射的第一枚月球探测器 SMART - 1,采用离子发动机电推进系统,火箭将探测器发射升空后,需要 13 个半月的时间才能到达月球。而太阳能热推进系统以其相对高的比冲(以氢气为推进剂,比冲高达 800s)、适中的推力(0.4 ~ 100N),在航天应用领域倍受研究者关注。STP 推进系统的性能介于化学推进与电推进之间,弥补了化学推进与电推进的性能空白,作为航天器的主辅推进系统可以降低发射成本,增大有效载荷。太阳能热推进特别适合不需要大推力的任务。马歇尔空间飞行中心研究了应用太阳能热推进的空间转移飞行器,能够将 450kg 的有效载荷从近地轨道(Low Earth Orbit,LEO)转移到地球同步轨道(Geostationary Earth Orbit,GEO)。任务设计中以液氢作为推进剂,使用两个可充气的椭圆离轴抛物面聚光器,将汇聚的太阳光导入一个钨/铼黑体类型的吸收器。主聚光器的聚光比为 1 800 : 1,二次聚光器聚光比 3 : 1,总聚光比 5 400 : 1。产生的推力为 8.9N,比冲 860s,转移到 GEO 的时间大约为一个月。

太阳能热推进系统与其他推进系统的性能对比如表 8.1 所示。从表中可以看出,太阳能热推进系统具有高比冲和能产生适当大小的推力的优点,这些优点决定了其在卫星轨道迁移、星际航行任务和为微小卫星提供动力等领域有广泛的应用。太阳能热推进推力仍属于小推力推进,其特点是比冲高、可持续推进、推力可调、推力精确。与化学推进相比,小推力推进可以更好地满足频繁的变轨需求,轨道寿命更长。

目前,适合太阳能热推进的空间任务主要可分为三类:

(1)近逃逸任务:理想的同步转移轨道到终轨的速度增量为 700 ~ 1 000 m/s,要求短周期,近地点点火作用来到达终轨。

(2)地球同步轨道任务:要求(GTO - GEO)1 500 m/s 的量级,允许小推力远地点加速到达终轨。

(3)其他天体捕捉任务:月球轨道,理想的 GTO 到终轨中的速度增量为 1 100 ~ 1 500 m/s 以及行星际任务。这些任务都需要小推力系统来提供近地点和远地点的组合点火作用。

太阳能热推进系统可以提供 1～5N 的连续推力或几十牛甚至上百牛的间歇式推力,而连续常值推力机动是空间飞行常用的轨道机动方式。其中,小推力适合于地球轨道航天器交会机动,而切向或周向推力以及较大的正径向推力可用于脱离地球引力场的逃逸飞行,执行星际交会使命。应用常推力作用下的质心运动方程,对机动推力的量值没有限制,在航天器交会应用中,对相对距离也无要求。

表 8.1 推进系统性能对比

推进方式分类			典型推力/N	典型比冲/s
电推进	电热式	电阻加热式	0.05	180
	静电式	离子推力器	5×10^{-3}	3 000
		胶体推力器	$10^{-6} \sim 10^{-5}$	500
	电磁式	霍尔推力器	$10^{-3} \sim 10^{-1}$	1 600
化学推进	固体推进		0.1	100～300
	液体推进	单组元推进	0.02～0.75	150
		双组元推进	15	290
冷气推进			0.5～4.5	60
太阳能热推进			0.02～2	200～900

8.3.2 优化计算模型

空间推进的航天器以小卫星为设计对象,有两种卫星可供选择。第一种卫星总质量为 100kg,体积为 60cm × 60cm × 80cm(0.288m³),推进剂贮箱体积为 0.05m³,质量限制到 50kg。

第二种卫星总质量为 400kg,体积为 110cm × 110cm × 88.5cm(1.07m³),推进剂贮箱体积为 0.18 m³,质量限制到 200kg。

8.3.2.1 目标函数

(1)速度增量 ΔV

在太阳能热推力器推力的条件下,速度增量 ΔV 最大化可达到最佳轨道转移效果。在飞行器总体与推力器性能达到最佳匹配时,也是以速度增量 ΔV 最大化为最直接体现的,因此以速度增量 ΔV 作为目标函数。

对于单组元发动机,速度增量 ΔV 为:

$$\Delta V = I_{sp} g_0 \ln \frac{m_0}{m_f} \tag{8.4}$$

式中:m_0 为飞行器初始质量;m_f 为推进剂耗尽、轨道转移完成后的飞行器质量;I_{sp} 为发动机比冲;g_0 为地球重力加速度。

采用霍曼转移轨道,从 200km 的初始圆轨道开始轨道转移,卫星所需的速度增量随轨道高度的变化如图 8.9 所示。如果可获取的 ΔV 最大为 1 500m/s,则其可转移到的轨道高度为 3 700km。

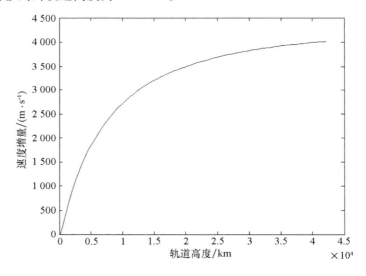

图 8.9　速度增量 ΔV 随轨道高度的变化

在空间转移任务中,要获取最大的速度增量是任务设计的最终目的,而推进系统的比冲 I_{sp} 和飞行器推进剂耗尽后的最终质量 m_f 是影响速度增量的主要因素。对于太阳能热推进系统而言,比冲 I_{sp} 和质量 m_f 受到贮箱质量、聚光器收集面积和推力器质量等参数的综合影响。

（2）有效载荷质量

在卫星的转移轨道确定的情况下,获得最大的有效载荷质量是设计时追求的目标。太阳能热推进中聚光器质量、推进剂质量和贮箱质量是影响有效载荷质量的主要因素。

8.3.2.2　设计变量

根据一体化设计思想,在进行变量选择时只选取关键参数作为设计变量,这样既简化模型、减少计算量,也避免次要因素的无谓干扰。主要的设计变量有以下几个:

(1)推力作用时间 t_p

推力作用时间为推力器在空间工作时间,从发动机点火到推进剂耗尽的时间,设推进剂质量 m_p,飞行器在 t 时刻的瞬时质量为:

$$m = m_0 - \frac{m_p}{t_p}t \tag{8.5}$$

(2)聚光器收集面积 S_c

聚光器收集面积可以影响聚光器质量和太阳能的收集功率。推进功率也可表示为:

$$P_T = \frac{1}{2}Fv_e = IS_c\eta \tag{8.6}$$

式中: I 为太阳辐射常数; η 为太阳能转换为推进剂动能的总效率。

聚光器是太阳能热推进系统质量占比例较大的部件,对于需要 N 级推力的空间任务,聚光器的收集面积也需要数平方米量级。增大 S_c 可以提高太阳能的收集功率,进而可以提高推进系统比冲和推力的水平,但是同时却增加了系统的结构质量。采用铝作为聚光器材料面密度为 $24\mathrm{kg/m^2}$,采用碳纤维增强聚合物面密度更小,为 $11\mathrm{kg/m^2}$。

(3)推进剂质量 m_p

推进剂质量对速度增量的影响较大,推进剂质量占总质量的比例越大,可获取的速度增量就越大。但是,推进剂质量的增大带来贮箱质量的增大,在设计中需要兼顾二者。

(4)贮箱质量 m_t

贮箱质量也是太阳能热推进系统主要的结构质量,需要结合推进剂质量 m_p 和推力作用时间 t_p 等综合考虑。对于结构最简单的球形贮箱,质量为:

$$m_t = 4\pi a^2 t_s \rho \tag{8.7}$$

式中: a 为贮箱名义半径; ρ 为贮箱结构材料的密度; t_s 为贮箱壁厚, $t_s = p_t a/(2S_w e_w)$。把贮箱半径作为变量,则贮箱质量和推进剂质量可分别表示为:

$$m_t = \frac{2\pi a^3 p_t \rho}{S_w e_w} \tag{8.8}$$

$$m_p = \frac{4}{3}\pi a^3 \rho_p \tag{8.9}$$

式中:p_t 为贮箱最大工作压力;S_w 为贮箱结构材料的最大许用工作应力;e_w 为焊缝效率。

（5）比冲 I_{sp}

比冲是对飞行器速度增量影响最大的参数。在不同比冲下,推进剂所需质量随速度增量的变化如图 8.10 所示。在速度增量需求一定的情况下,高比冲可减小推进剂质量需求,从而提高有效载荷的质量比。在轨道运行过程中比冲和推力值都可以进行调整。

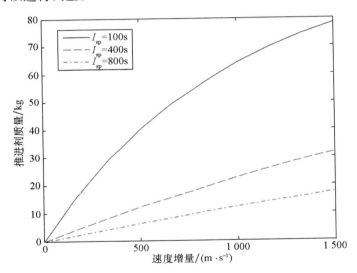

图 8.10　不同比冲下推进剂质量随速度增量的变化

（6）推力 F

推力和比冲、推进剂质量流量有着直接的关系,为:

$$F = I_{sp}g_0\dot{m} = I_{sp}g_0\frac{m_p}{t_p} \tag{8.10}$$

推力增大可以减小推进剂作用时间 t_p,也就减小了轨道转移等任务的时间,但是推力增大需要聚光器提供更大的太阳能功率,也就需要增大聚光器的质量,带来系统结构质量的增大。

8.3.2.3 约束条件

（1）设计变量本身的取值范围

采用氢气为推进剂比冲范围 $600 \sim 900s$，采用氨气为推进剂比冲范围 $200 \sim 600s$，贮箱半径 $0.1 \sim 0.5m$，聚光器面积 $1 \sim 5m^2$。

（2）推进系统质量约束

以小卫星为研究对象，推进剂质量不能超过总质量的 50%。

（3）体积约束

以小卫星为研究对象，推进剂贮箱体积不能超过卫星总体积的 25%。

8.3.3 仿真结果分析

8.3.3.1 以氢气为推进剂的情况

以液氢作为推进剂进行任务分析，液氢属于低密度低温推进剂（沸点 $20K$），需要采取非常有效的措施来控制热漏失和防止沸腾汽化。

先分析在 $100kg$ 微小卫星中的应用情况。以速度增量为目标函数，以比冲、贮箱半径、聚光器面积为设计变量，采用量子遗传算法的进化过程如图 8.11 所示。由图可见，在该量级的小卫星中采用液氢作为推进剂速度增量太小，只有

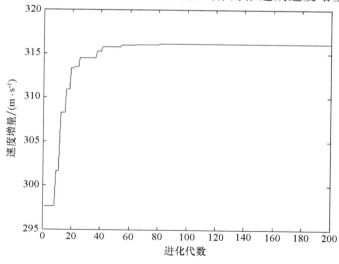

图 8.11 液氢推进剂应用于 100kg 小卫星的优化过程

316m/s,不能完成轨道转移任务。

采用聚合物材料的聚光器,可以减小聚光器质量,速度增量增加到466m/s以上,比采用金属铝为材料的聚光器提高15%,如图8.12所示,因此在空间任务中,聚光器应该选择轻质材料。液氢作为推进剂速度增量小的主要原因在于储存密度太低,只有71kg/m³,在小卫星的空间内能够携带的液氢质量太小,只有5.2kg,远小于小卫星允许携带的推进剂质量限制,但是其所占的体积已经达到了允许的体积上限。

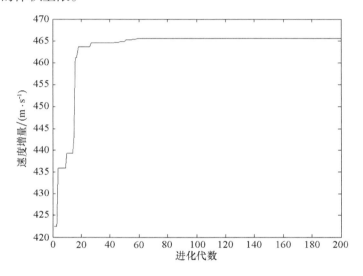

图8.12 采用聚合物材料聚光器的任务优化过程

对于400kg的小卫星空间转移任务,采用液氢推进剂的速度增量提高至608m/s,如图8.13所示。由图8.13可见,随着飞行器总质量和总体积增大,液氢推进剂逐渐可以满足任务需求。

同时发现,在比冲为800s,贮箱半径为0.4m时得到最优值。由此可见,虽然贮箱增大同时引起贮箱质量和推进剂质量增大,但是推进剂质量增大对速度增量的影响更大,抵消了贮箱质量增大引起的减小趋势,在贮箱半径取最大值时,速度增量可得到最大值。

采用液氢推进剂比较理想的设计是增大贮箱可以在卫星上获取的体积比例,通过压缩其他部件体积,如果将液氢贮箱的体积占比提高至50%,则速度增量增大至1 143m/s,可满足该卫星的多种轨道转移和轨道调整任务,如图8.14所示。但是分析中没有考虑贮箱的多层隔热和维持液氢低温所需的过冷通风系

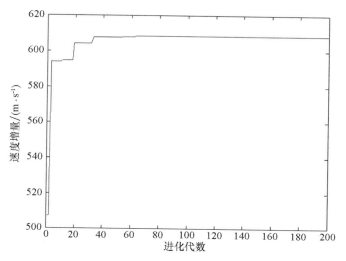

图 8.13 液氢推进剂应用于 400kg 小卫星的情况

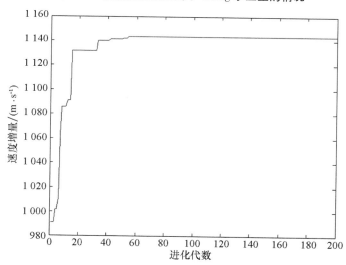

图 8.14 液氢贮箱体积占比 50% 的情况

统,该部分所需的质量和体积占比都比较大,因此液氢的直接应用还需要低温存储技术的提高。

液氢推进剂可应用于大质量的卫星或其他航天器,以美国 ISUS 计划中的卫星为研究对象,卫星总质量为 3 630kg,推力设计为 6N,针对该任务进行优化,量子进化过程如图 8.15 所示,可获取 6 730m/s 的速度增量。

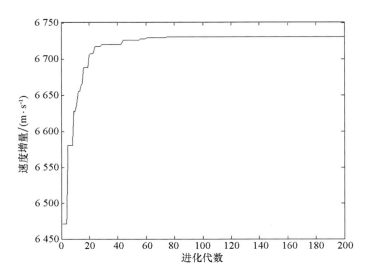

图 8.15　液氢在大质量卫星中的应用设计优化

8.3.3.2　以氨气为推进剂的情况

100kg 微小卫星以液氨为推进剂,在同样的设计条件下,采用碳纤维增强聚合物聚光器速度增量达到 2 676m/s,如图 8.16 所示。原因在于液氨较高的储存密度(600kg/m³),在同样的体积限制下,液氨能够较好地满足卫星的空间任务需求。

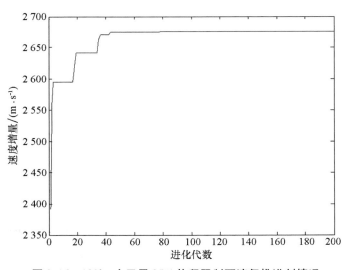

图 8.16　100kg 小卫星 25% 体积限制下液氨推进剂情况

对于在卫星上对推进剂体积限制在 17% 的情况,以氨气为推进剂也可以获取 1 970m/s 的速度增量,如图 8.17 所示。由图 8.17 可见,氨气应用于小卫星空间太阳能热推进具有非常高的性能。

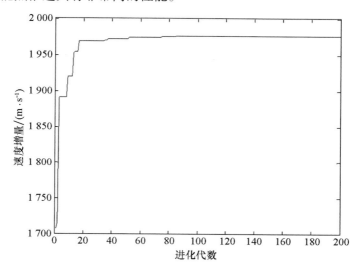

图 8.17　100kg 小卫星 17% 体积限制下液氨推进剂情况

在 400kg 小卫星以氨气为推进剂的情况下,获取的速度增量可达到 4 100m/s,如图 8.18 所示,可以直接完成 LEO 到 GEO 的轨道转移任务。

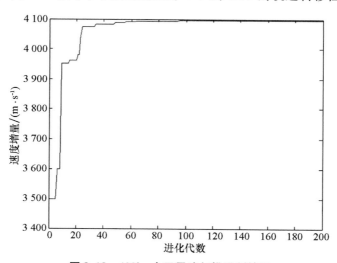

图 8.18　400kg 小卫星液氨推进剂情况

以有效载荷最大为优化目标,在固定任务速度增量 1 500m/s 的情况下,以比冲、推进剂质量和聚光器质量为设计变量,100kg 小卫星的有效载荷优化过程如图 8.19 所示。

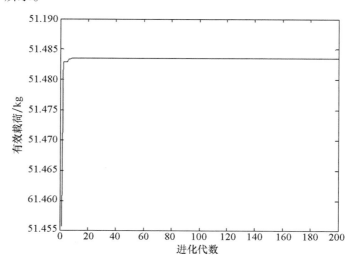

图 8.19　100kg 小卫星的有效载荷优化过程

在有效载荷的优化中,小卫星推进系统的总效率对优化结果有很大影响,表 8.2 对比了在不同推进系统总效率下的优化结果。高效率可以减小系统对太阳能功率的需求,提高推进系统比冲,减小聚光器质量和推进剂质量。

表 8.2　小卫星在不同推进系统总效率下的优化结果

总效率	比冲/s	推进剂质量/kg	聚光器质量/kg	有效载荷质量/kg
0.9	508	26.0	22.4	51.5
0.7	438	29.5	24.8	45.6
0.5	355	35.1	28.1	36.7

在不同效率下,有效载荷质量随比冲的变化曲线如图 8.20 所示,可见有效载荷存在一个最优值,并不是比冲越大有效载荷质量越大,这是因为随着比冲增大聚光器面积需要不断增大,以维持系统所需的太阳能功率,所以带来系统结构质量的增加,减小了有效载荷的质量占比。

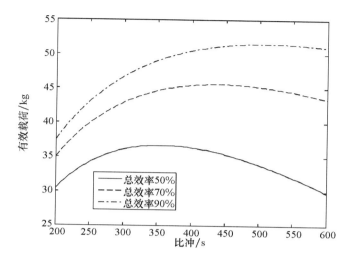

图 8.20　不同效率下有效载荷质量随比冲的变化曲线

8.4　推力器性能综合分析

工质气体质量流量和工质被加热后的温度、工质在喷管出口的速度、推力器的推力及比冲的变化关系如图 8.21 所示。

从图 8.21 中可以看出,当质量流量越小时,工质气体在进入喷管前就可以获得比较高的温度,因此计算出的喷管出口速度和比冲都较大。但是若质量流量太小,则不能满足整个系统的推力设计要求。同时还可看出,当质量流量在 $0.5 \times 10^{-4} \sim 2 \times 10^{-4} \text{kg/s}$ 范围内变化时,气体进入喷管温度、喷管出口速度、推力和比冲的变化都近似呈线性,这为相关参数的调整提供了很大便利。此外,通过之前的研究发现增加喷管膨胀比也可提高推力器的比冲,但是膨胀比达到 50∶1 后增加效果不再明显。

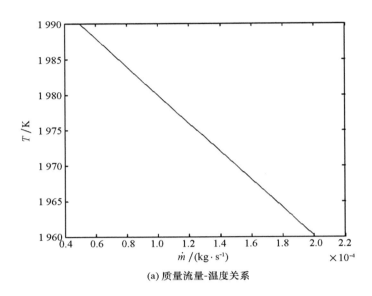

(a) 质量流量-温度关系

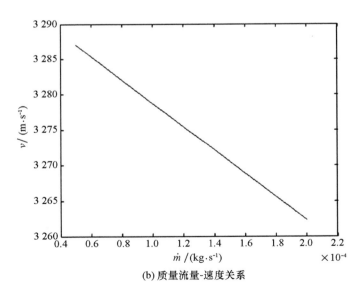

(b) 质量流量-速度关系

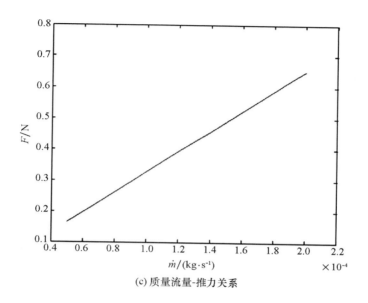

(c) 质量流量-推力关系

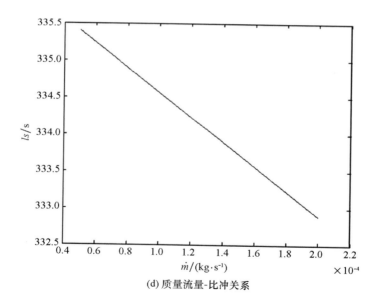

(d) 质量流量-比冲关系

图 8.21 工质气体性能变化关系曲线图

从图 8.21 可以看出,当质量流量为 1.6×10^{-4} kg/s 时,推力可以达到 0.5N;当质量流量为 0.6×10^{-4} kg/s 时,推力可以达到 0.2N。以上两种工况下总冲与推进剂质量的关系如表8.3所示。

从表中可以看出以下两点:(1)当总冲为10 000~100 000 N·s时,所需推进剂质量适当,太阳能热推进具有比较大的优势;(2)当总冲要求相同时,将推进剂增加6.7%即可将推力增加150%。

表8.3 两种工况下总冲与推进剂质量关系表

设计推力/N		0.5	0.2
质量流量/(kg·s^{-1})		1.6×10^{-4}	0.6×10^{-4}
总冲1 000 N·s	工作时间/s	2 000	5 000
	推进剂质量/kg	0.32	0.3
总冲10 000 N·s	工作时间/s	20 000	50 000
	推进剂质量/kg	3.2	3
总冲100 000 N·s	工作时间/s	200 000	500 000
	推进剂质量/kg	32	30
总冲1 000 000 N·s	工作时间/s	2 000 000	500 000
	推进剂质量/kg	320	300

第九章 太阳能热推力器性能验证实验

9.1 引言

通过利用再生冷却法对太阳能热推力器二次聚光器与推力室进行一体化设计，并采用层板结构设计太阳能热推力器换热芯。结合理论分析和数值仿真结果，借助太阳能热推进实验系统，对优化设计后的太阳能热推力器开展实验研究。

9.2 太阳能热推进实验系统

实验研究采用的太阳能热推进实验系统由推进剂供应系统、推力器测试平台、真空舱及真空泵、氙灯光源系统及推力器构成，系统如图9.1所示。

图9.1 太阳能热推进实验系统

9.2.1　推进剂供应系统

推进剂供应系统主要由氮气钢瓶、减压阀、储气瓶、压力表、截止阀、减压阀及管路组成。使用时,氮气从钢瓶中经过减压阀减压后进入四个由碳纤维缠绕的气瓶充气,以模拟空间贮箱的工作状态。推进剂供应系统如图9.2所示。

图9.2　推进剂供应系统

9.2.2　推力器测试平台

推力器测试平台主要由数据采集卡、各种传感器、数据导线及相应的采集软件组成,如图9.3所示。实验系统数据采集传感器包括推进剂体积流量传感器、

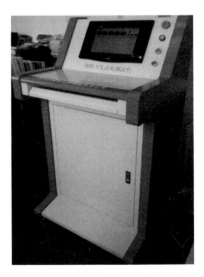

图9.3　发动机小推力测试平台

推力器温度传感器、推力器压力传感器、喷管出口推力传感器。平台各设备规格型号如表9.1所示。

表9.1 推力测试平台设备规格型号

名称	型号/规格	量程	备注
工业控制柜	60cm×60cm×160cm		
工控机	联想		1台
数据采集仪	DAQ-0800		1台
N_2流量传感器	SFC4200	0-20SLM	1个测点
压力传感器	YSZK-313	0~4MPa	1个测点
温度传感器	K型	-200~1 370℃	11个测点
推力传感器	BK-3A	0~10N	1个测点
温度记录仪	90系列	-200~1 370℃(K型)	1台
	联仪 SH-X	-200~1 370℃(K型)	1台

推力传感器本身为压敏电阻,通过测量推进剂从喷管喷出后作用在传感器受力面上的反作用力来测量喷管产生的推力值,采集精度为0.01N,如图9.4所示。温度通过采用K型热电偶测量、多回路温度记录仪显示,采集精度为0.1℃,如图9.5所示。

图9.4 推力传感器

(a) 联仪SH-X   (b) 90系列

图9.5   温度记录仪

9.2.3   氙灯光源系统

由于氙灯光谱与太阳光谱基本一致,通过利用氙灯光源来模拟太阳辐射。氙灯辐射光谱能量分布与日光较为接近,色温约为6 000K,连续光谱部分的光谱分布几乎与氙灯的输入功率无关,在寿命期间内光谱能量分布也几乎不发生改变。光源系统由氙灯、一次聚光镜、功率控制箱及导线组成。氙灯光源输出功率范围为700~7 000W,电功率转化为光能的效率约为60%。实验过程中通过功率控制箱旋钮调节光源输出功率(逐渐增大功率以防止较大的热冲击造成二次聚光器的破裂),光线经一次聚光镜会聚后射入推力器二次聚光镜表面。氙灯光源系统如图9.6所示。

(a) 实验前光源系统   (b) 实验过程中光源系统

图9.6   氙灯光源系统

9.2.4　流量控制器

太阳能热推进实验系统通过流量控制器来改变推进剂氮气的流量。流量控制器工作原理是通过输入电压大小来改变管路流通截面积大小，从而实现流量调节，流量控制精度为 $0.01 \mathrm{nl \cdot min^{-1}}$（20℃、101.325 kPa），装置如图 9.7 所示。当输入电压为 0 时，流量控制器关闭，氮气流量为 0；当输入电压大于等于 5V 时，流量控制器完全打开，氮气流量达到最大值 $20.00 \mathrm{nl \cdot min^{-1}}$。

图 9.7　流量控制器

将气瓶压力恒定在 0.4MPa，通过对流量控制器进行实验测试，得到不同输入电压情况下氮气流量大小，结果如表 9.2 所示。

表9.2　0.4MPa 下不同电压值下的氮气流量实验数据

电压/V	流量/(nl·min⁻¹)	电压/V	流量/(nl·min⁻¹)	电压/V	流量/(nl·min⁻¹)
0	0	1.8	7.41	3.6	14.53
0.2	1.16	2.0	8.19	3.8	15.20
0.4	1.75	2.2	8.90	4.0	16.04
0.6	1.73	2.4	9.89	4.2	16.70
0.8	3.51	2.6	10.50	4.4	17.77
1.0	4.17	2.8	11.15	4.6	18.37
1.2	5.01	3.0	12.31	4.8	19.01
1.4	5.75	3.2	13.02	5.0	20.00
1.6	6.71	3.4	13.64		

对流量控制器电压与流量对应值作图,变化规律如图9.8所示。从图9.8中可以看出,流量值与电压基本呈线性关系,在流量控制器工作压力范围内,通过所加电压值可基本确定流量大小。

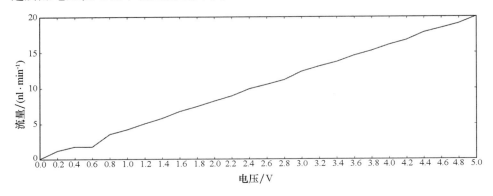

图9.8　0.4MPa下流量控制器流量随电压变化关系

同时对流量控制器在0.3MPa、0.4MPa氮气压力下进行实验,如图9.9所示。从图9.9中看出,在压力较低(0.3MPa)的情况下氮气流量输出不稳定,而在压力为0.4MPa的情况下氮气流量输出比较稳定。

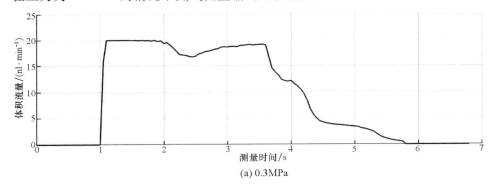

(a) 0.3MPa

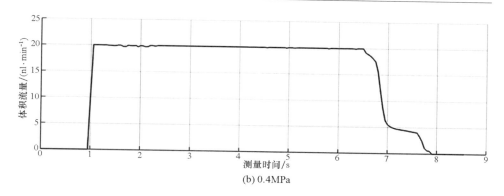

(b) 0.4MPa

图9.9 不同压力下流量稳定性对比

9.3 推力器冷气实验

根据太阳能热推进(STP)原理及实验需求,搭建实验系统,连通推进剂气体管路,连接并调试数据采集传感器,开展推力器冷气推进实验。

推力器安装在不锈钢套筒内,与推力传感器、压力传感器一并安装在真空舱内,如图9.10(a)、(b)所示;温度由11个K型热电偶测点分别对推力器前(3个)、中(3个)、后(3个)及喉部(2个)进行采集,参数记录仪安装在真空舱外,推力器壁面温度采集分布如图9.10(c)、(d)所示;流量传感器安装在真空舱外。真空舱内气压通过外置真空泵进行抽气降压,目前通过实验测量,舱内最低压力为12.8Pa。

(a) 推力器固定套筒

(b) 推力器及推力传感器舱内安装

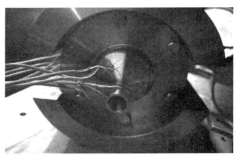

(c) 推力器前、中部温度采集点   (d) 推力器后部、喉部温度采集点

图 9.10　推力器安装及推力、温度数据采集

气瓶压力为 0.4MPa,分别在工况 1、工况 2、工况 3 三种工况情况对推力器进行冷气实验。根据表 9.2 中不同电压值所对应的氮气流量,不同工况所代表的条件如表 9.3 所示。

表 9.3　不同工况对应的推进剂流量

工况	1	2	3
电压/V	5.0	4.0	3.0
推进剂体积流量/$(nl \cdot min^{-1})$	20.0	16.5	12.5

对冷气条件下所得到的实验数据(不同工况下各两组数据)进行绘图,数据曲线如图 9.11 所示,推力大小值如表 9.4 所示。

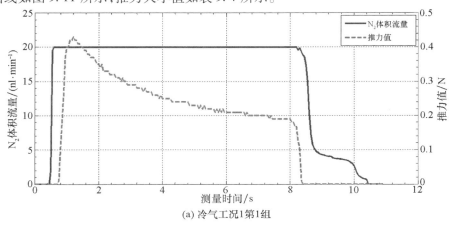

(a) 冷气工况1第1组

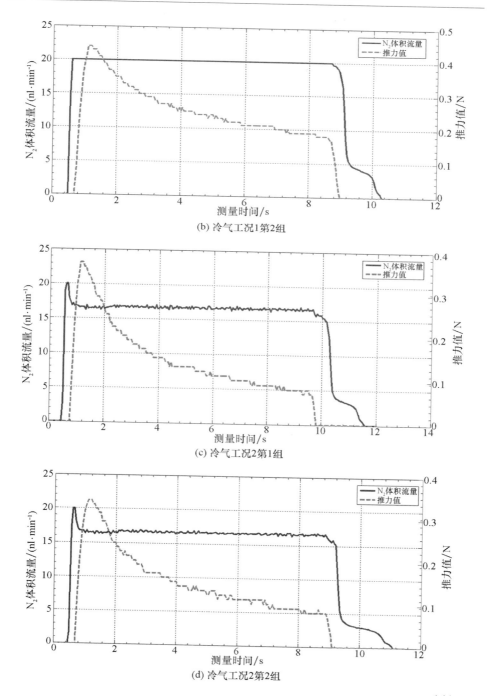

(b) 冷气工况1第2组

(c) 冷气工况2第1组

(d) 冷气工况2第2组

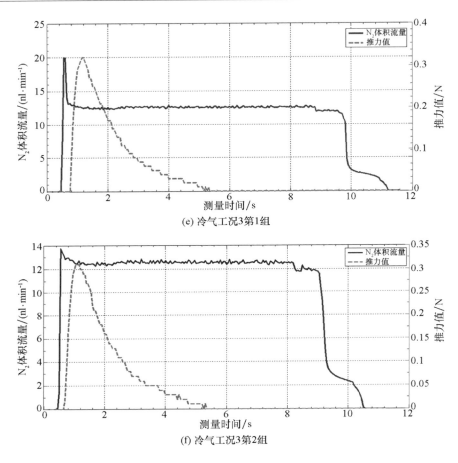

(e) 冷气工况3第1组

(f) 冷气工况3第2组

图9.11　推力器推进剂未加热实验条件下不同推进剂流量和推力变化曲线

表9.4　不同工况对应的推力值

工况	1		2		3	
推进剂体积流量/ （nl·min⁻¹）	20.0		16.5		12.5	
推进剂质量流量/ （10⁻⁴kg·s⁻¹）	7.073 7		5.835 8		4.421 0	
推力/N	组1	组2	组1	组2	组1	组2
	0.43	0.44	0.37	0.37	0.32	0.31
比冲/s	60.79	62.20	63.40	63.40	72.38	70.12

在相同气瓶压力为0.4MPa、推进剂未加热条件下,通过调节推进剂流量测得相应推力值。实验曲线图9.11中实线代表推进剂流量值,虚线代表推力器推力值。从实验数据中可看出,在打开推进剂阀门后,流量值迅速上升达到最大值:对于工况1(电压5V),推进剂流量达到最大值后基本保持不变;对于工况2(电压4V)、3(电压3V),推进剂流量达到最大值后迅速下降并稳定在某一数值附近,由此可见流量控制器对推进剂流量控制效果较好。在三种工况下测得的推力值在短暂延迟后也迅速达到最大值并随后逐渐减小,分析其原因是推进剂从喷管喷出后真空舱内真空度迅速降低,使得推进剂从喷管内喷出过程中阻力增大,同时推力传感器精度有限,随着时间推移,测量值误差会逐渐增大。故取推力曲线最大值为喷管推力的测量值。

另需说明的是氮气在常温下理论比冲为75s,实测值介于60～72s之间。

9.4　推力器推进剂加热实验

实验采用氙灯强光源模拟太阳辐射,由于氙灯光谱与太阳光谱基本一致,色温约为6 000K。光源电功率范围为700～7 000W,电功率转化为光能的效率约为60%。实验过程中逐渐增大光源功率,以防止较大的热冲击对推力器二次聚光镜造成损伤甚至破裂。氙灯加热实验及加热时舱内情况如图9.12所示,加热实验后的隔热套筒及测温导线融化情况如图9.13所示。

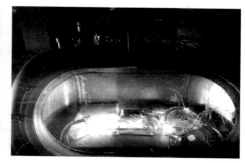

图9.12　氙灯加热实验及舱内情况

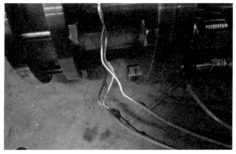

图 9.13　加热实验后的隔热套筒及测温导线融化情况

在前期加热实验中,由于推力器外表面长时间处于高温环境中,导致测温导线外漆包线发生融化粘连。为防止测温导线外漆包线在高温条件下发生融化进而导致内部金属导线发生粘连短路影响温度测量,后期实验时利用石棉片将靠近推力器的部分导线进行包裹,避免测温导线暴露在强光照射中,如图 9.14 所示。

图 9.14　包裹石棉片的测温导线

9.4.1　第一次加热实验

气瓶压力保持在 0.4MPa,推进剂流量保持在工况 2(约 16.5nl/min),分别在氙灯光源功率为 1 000W、2 000W、3 000W、4 000W、5 000W、6 000W、7 000W七种功率情况下对推力器进行推进剂加热实验,测量温度与氙灯功率相对应,分别为 60℃、100℃、150℃、200℃、250℃、300℃、350℃。

对不同氙灯功率加热条件下所得到的实验数据进行绘图,数据曲线如图9.15 所示,氮气密度如表 9.5 所示,推力值大小如表 9.6 所示。

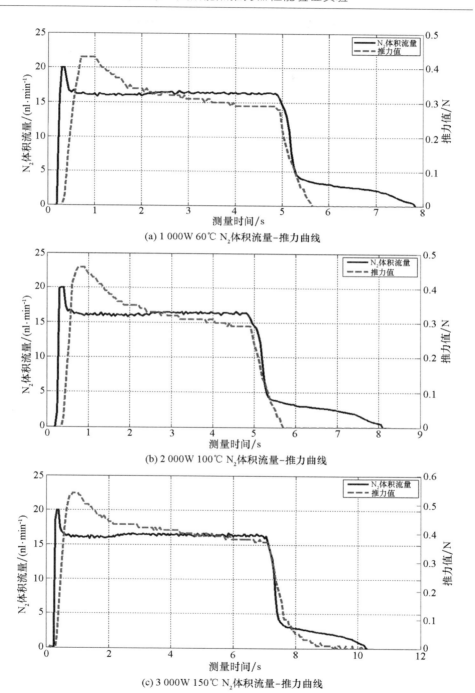

(a) 1 000W 60℃ N₂体积流量–推力曲线

(b) 2 000W 100℃ N₂体积流量–推力曲线

(c) 3 000W 150℃ N₂体积流量–推力曲线

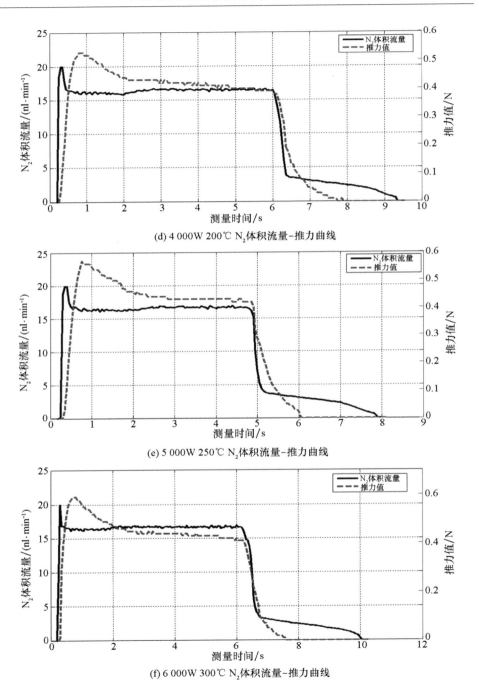

(d) 4 000W 200℃ N₂体积流量-推力曲线

(e) 5 000W 250℃ N₂体积流量-推力曲线

(f) 6 000W 300℃ N₂体积流量-推力曲线

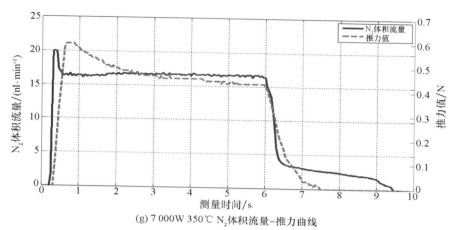

(g) 7 000 W 350℃ N_2 体积流量-推力曲线

图 9.15　推力器推进剂加热实验条件下不同氙灯功率和推力变化曲线

推力器推力室内部温度可通过以下公式计算（温度计算结果仅供参考）：

$$k = 1.0 \times 10^{11} T^{0.5} e^{-21600/RT}$$

式中：T_0 为推力器外壁温度；T_1 为推力室内部温度；I_1 是推力器外壁温度为 T_0 时推力器比冲；I_0 为推力器外壁温度为常温时推力器比冲。通过推力器不同外壁温度和比冲计算出对应的推力室内温度，计算结果如表 9.7 所示。

表 9.5　不同功率条件下氮气密度

功率/W	1 000	2 000	3 000	4 000	5 000	6 000	7 000
外壁温度/℃	60	100	150	200	250	300	350
压力/MPa	0.246	0.255	0.268	0.276	0.285	0.293	0.297
密度/$(kg \cdot m^{-3})$	2.486 8	2.301 5	2.133 0	1.964 5	1.834 7	1.721 7	1.605 1

表 9.6　不同氙灯功率对应的推力值

氙灯功率/W	1 000	2 000	3 000	4 000	5 000	6 000	7 000
推进剂体积流量/$(nl \cdot min^{-1})$	16.5	16.5	16.5	16.5	16.5	16.5	16.5
推进剂质量流量/$(10^{-4} kg \cdot s^{-1})$	6.838 7	6.329 1	5.865 7	5.402 5	5.045 4	4.734 6	4.414 1
推力/N	0.43	0.46	0.54	0.55	0.57	0.59	0.58
比冲/s	62.80	72.68	92.06	101.80	112.97	124.61	131.40

表9.7　不同外壁温度对应的推力室内温度

功率/W	1 000	2 000	3 000	4 000	5 000	6 000	7 000
外壁温度/℃	60	100	150	200	250	300	350
推进剂温度/℃			232.3	426.1	699.7	1064.1	1419.8

从图9.13中可以看到,在加热实验后,推力器及隔热套筒壁面均发生不同程度的灼烧变色,测温导线外层漆包线发生融化粘连,二次聚光器完好无损。

从图9.15中可看出,整个实验过程流量基本稳定在16.5nl/min。随着氙灯光源功率不断升高,推力器产生的推力值也逐渐提升,比冲也逐渐升高;功率达到6 000W(300℃)时,推力达到最大值0.59N;继续提高光源功率,推力器推力值基本维持不变,比冲持续上升;氙灯功率为7 000W时,采用氮气作为推进剂,推力达到0.58N,比冲达到131.40s。由此可见,通过提高入射光功率可以在一定程度上提升推力器比冲,变化趋势及提升幅度如图9.16和表9.8所示。

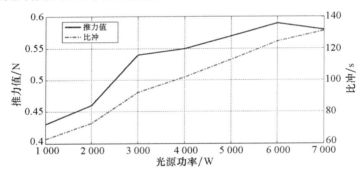

图9.16　不同氙灯功率下推力器推力值/比冲变化曲线

表9.8　不同光源功率条件下比冲提升情况

功率/W	1 000	2 000	3 000	4 000	5 000	6 000	7 000
比冲/s	62.80	72.68	92.06	101.80	112.97	124.61	131.40
比冲增量/s	0	9.88	29.26	39.00	50.17	62.81	68.60
百分比/%	0	15.73	46.59	62.10	79.89	98.42	109.24

从图9.16中可看出,光源功率6 000W前推力器推力与比冲随着温度升高呈线性上升,推力增加量约0.000 32N/W,比冲增加量约0.011 4s/W。光源功

率7 000W 时测得推力与光源功率6 000W 时持平,分析其原因可能是推力传感器受力面与喷管出口间隙略微增加,导致测得的推力数值略低于实际推力值。

9.4.2　第二次加热实验

在第一次加热实验的基础上,降低推进剂流量。在同样的光源系统情况下,保持气瓶压力 0.4MPa,推进剂流量保持在约 16 nl/min,分别在推力器外壁温度达到20℃(室温)、60℃、100℃、150℃、200℃、250℃、300℃、350℃、400℃九种情况下对推力器进行推力测试实验。

加热实验过程如图 9.17 所示。对不同推力器外壁温度条件下所得到的实验数据进行绘图,数据曲线如图 9.18 所示,不同温度下氮气密度如表 9.9 所示,推力值大小如表 9.10 所示。

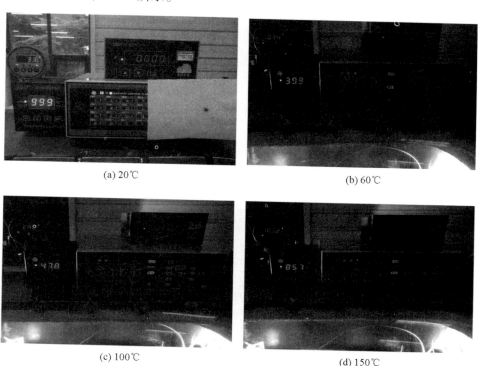

(a) 20℃　　　　　　　　　　　(b) 60℃

(c) 100℃　　　　　　　　　　(d) 150℃

(e) 200℃   (f) 250℃

(g) 300℃   (h) 350℃

(i) 400℃

图 9.17 加热实验过程

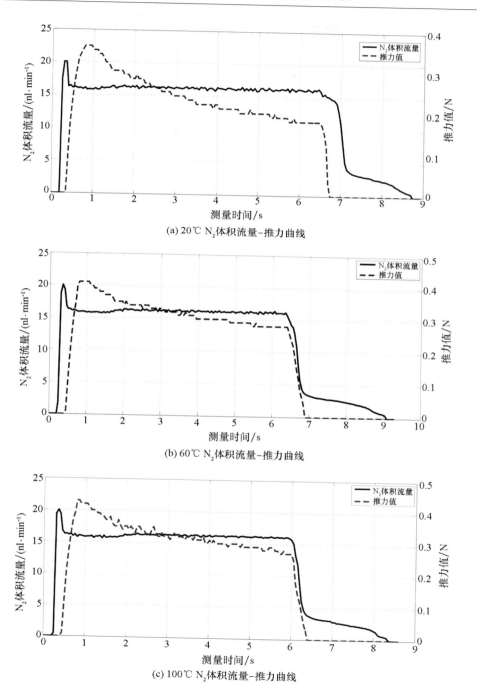

(a) 20℃ N$_2$体积流量–推力曲线

(b) 60℃ N$_2$体积流量–推力曲线

(c) 100℃ N$_2$体积流量–推力曲线

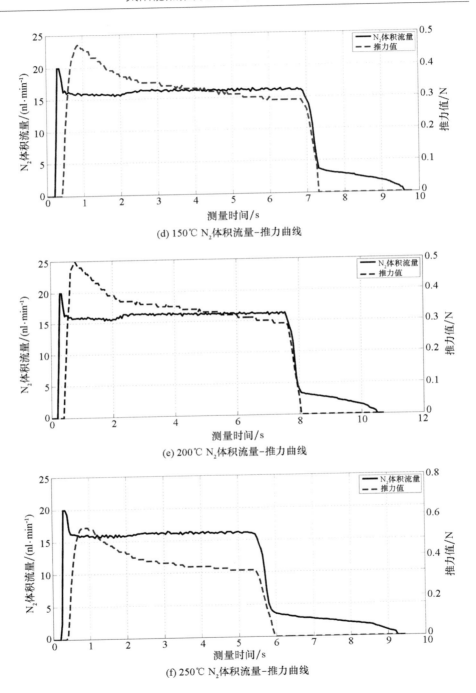

(d) 150℃ N$_2$体积流量-推力曲线

(e) 200℃ N$_2$体积流量-推力曲线

(f) 250℃ N$_2$体积流量-推力曲线

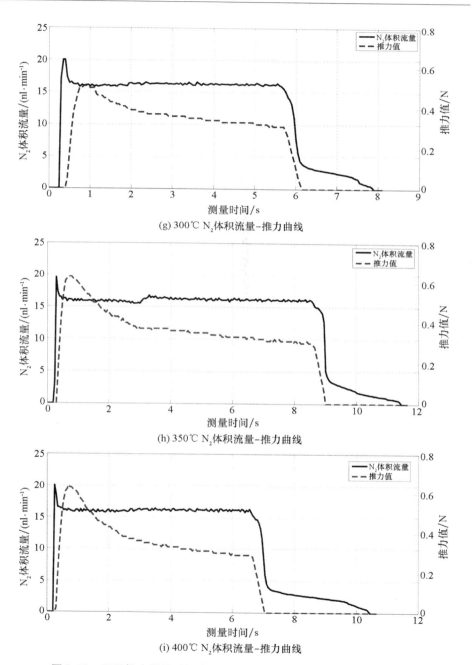

(g) 300℃ N$_2$体积流量–推力曲线

(h) 350℃ N$_2$体积流量–推力曲线

(i) 400℃ N$_2$体积流量–推力曲线

图9.18 不同推力器外壁温度下N$_2$体积流量–推力器推力值变化曲线

表9.9　不同温度下对应的氮气密度

温度/℃	20	60	100	150	200	250	300	350	400
压力/MPa	0.210	0.222	0.237	0.242	0.251	0.271	0.283	0.303	0.323
密度/ (kg·m^{-3})	2.412	2.244	2.139	1.926	1.787	1.745	1.663	1.637	1.616

表9.10　不同推力器外壁温度对应的推力值

温度/℃	20	60	100	150	200	250	300	350	400
推进剂体积流量/ (nl·min^{-1})	16.0	16.0	16.0	16.0	16.0	16.0	16.0	16.0	16.0
推进剂质量流量/ (10^{-4}kg·s^{-1})	6.433	5.984	5.704	5.136	4.765	4.652	4.434	4.367	4.309
推力/N	0.33	0.41	0.43	0.47	0.50	0.55	0.57	0.62	0.64
比冲/s	51.30	68.52	75.39	91.51	104.9	118.2	128.6	142.0	148.5

　　将实验温度与推力值、比冲进行曲线绘制,如图9.19所示。从图9.19中可看出,400℃前推力器推力与比冲随着温度升高呈线性上升,推力增加量约0.000 52N/℃,比冲增加量约0.21s/℃。由此可见,采用氮气作推进剂在环境温度加热到400℃时,推力达0.64N,比冲达148.5s。

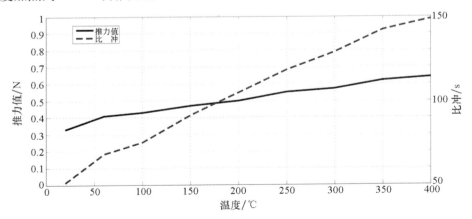

图9.19　不同推力器外壁温度与推力值、比冲曲线

　　相比常温条件,推力器推力及比冲随温度提升呈现出较大的提升,比冲提升

幅度约(10% ~16%)/50℃。比冲变化趋势及提升幅度如表9.11 所示。

表9.11　不同推力器外壁温度情况下比冲提升情况

温度/℃	20	60	100	150	200	250	300	350	400
比冲/s	51.30	68.52	75.39	91.51	104.9	118.2	128.6	142.0	148.5
比冲增量/s	0	17.22	24.09	40.21	53.6	66.9	77.3	90.7	97.2
百分比/%	0	33.57	46.96	78.38	104.48	130.41	150.68	176.80	189.47

　　加热实验后推力器灼烧变色如图9.20 所示。从图9.20 可以看到,在加热实验后,推力器壁面沿轴向发生不同程度的灼烧变色,推力器头部变色最严重,测温导线外层漆包线发生融化粘连,二次聚光器完好无损。由此可见,推力器温度分布呈现前部 > 中部 > 喷管喉部 > 喷管扩张段。

图9.20　加热实验后推力器灼烧变色

第十章　太阳能热推力器变工况推力测试实验

10.1　引言

　　根据第九章搭建的太阳能热推进系统进行实验,在不同的工况下测试太阳能热推力器的推力,本章采取改变加热功率和推进剂流量大小的方式来实现对推力的改变。

10.2　推力器变工况冷气推进实验

　　通过实验发现,真空舱不抽真空或者真空度较低时,由于推力传感器精度和残留大气影响,实验系统测量不到推力值。在真空舱抽真空后,舱内最低压力约为 12.8Pa,可以进行不同工况下的冷气测试研究。

　　在供应系统压强分别为 0.4MPa、0.5MPa、0.6MPa、0.7MPa 和 0.8MPa 的测试中,流量控制器(输入电压为 5.0V 时)完全打开,冷气实验的测试曲线如图 10.1 所示。由图 10.1 可知,在各种压力条件下的流量值基本一致,都是 20nl/min,说明流量控制器在压强大于等于 0.4MPa 时对推进剂流量的控制效果比较好。

　　从图 10.1 中可以得出,实线为推进剂流量测量值,虚线为推力测量值,在打开推进剂阀门后,流量值迅速上升达到最大值而后基本保持不变时,测量得到的推力值在短暂延迟后也迅速达到最大值并随后逐渐变小,因为推进剂从喷管喷出后使得真空舱内真空度迅速降低,使得推进剂从喷管内喷出的过程中阻力增大,而且由于推力传感器精度有限,使得实验测量误差大幅度增大,甚至导致实验平台测量到的推力大小为 0。由于测量误差的存在和实验设备的缺陷,在测量过程中取推力曲线所能够达到的最大值作为喷管推力的测量值。

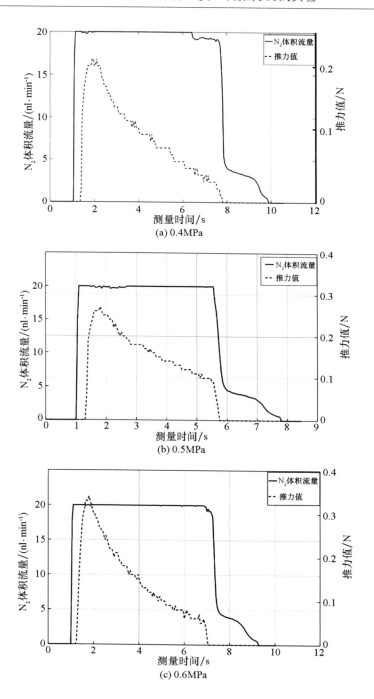

(a) 0.4MPa

(b) 0.5MPa

(c) 0.6MPa

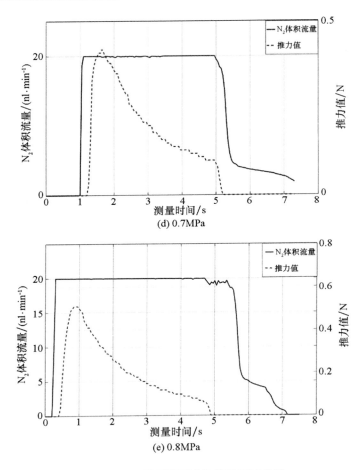

图 10.1 不同压强下冷气推进测试曲线

在不同压强下冷气推进的推力如表 10.1 所示。由实验数据可知,在气瓶压强固定为 0.4MPa 时,不管怎样调节流量大小(最大为 20.00nl/min),最大推力为 0.2N。相比于设计工况下的 0.1N、0.2N、0.3N、0.4N 和 0.5N,在保持压力不变的情况下则推进剂流量过大,需要在各压力条件下适当降低流量大小来满足推力值大小。

表 10.1 推力随压强变化

压强/MPa	0.4	0.5	0.6	0.7	0.8
推力/N	0.2	0.27	0.34	0.42	0.51
设计工况/N	0.1	0.2	0.3	0.4	0.5

保持各工况下的压强不变,通过调节流量控制器的输入电压值以达到设计工况下的推力大小,实验结果如图 10.2 所示。查表可得到在 20℃,101.325kPa 的条件下,氮气的密度为 1.165 4kg/m³,各工况下对应的氮气质量流量如表 10.2 所示。

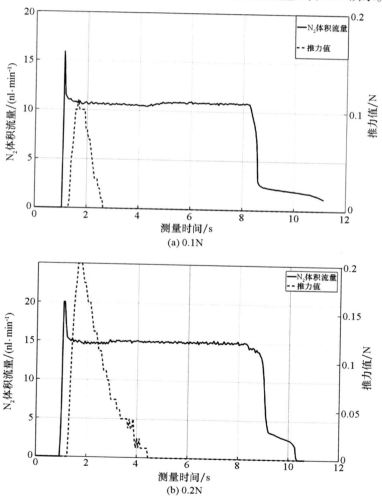

(a) 0.1N

(b) 0.2N

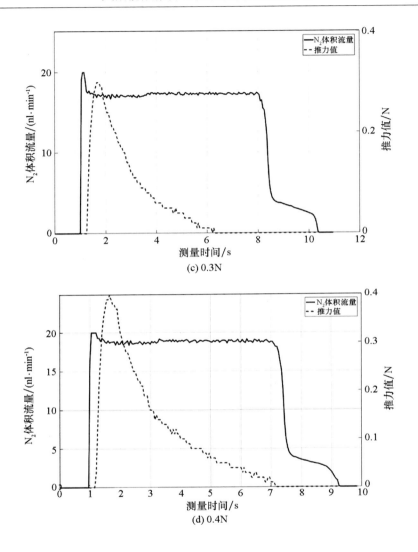

(c) 0.3N

(d) 0.4N

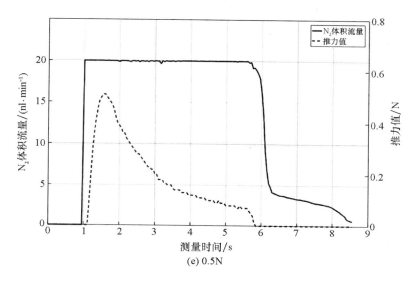

(e) 0.5N

图 10.2 设计工况下冷气测试曲线

通过分析可知冷气测试的推力器比冲较低,0.4MPa 时比冲为 48s,然而在 0.4MPa,常温下的 N_2 理论比冲值在 75s 左右,分析实验值偏低的原因主要有:在安装推力器调节过程中,由于密封性问题工质存在一定的泄漏导致进入喷管的质量流量偏小;抽真空后真空舱内的压力还较大,实验测得约为 12.8Pa;推力器喷管设计使用氢气作为推进剂,试验中使用的工质却是氮气,存在一定的差异。

经过冷气试验测试可以明显看到,气瓶压强大小对推力值的影响比较大,为了研究流量大小和太阳光辐射功率对推力大小的影响,保持推进剂气瓶压强为 0.4MPa 不变。

表 10.2 冷气推进设计工况下实验结果

压强/MPa	0.4	0.5	0.6	0.7	0.8
推力/N	0.1	0.2	0.3	0.4	0.5
流量/($nl \cdot min^{-1}$)	10.74	15.01	17.26	19.01	20.00
质量流量/($10^4 kg \cdot s^{-1}$)	2.086	2.915	3.352	3.692	3.885
比冲/s	48	68	89	108	128

先验证氙灯光源加热可行性,对推力器在较低功率加热条件下进行推力测试,测试结果曲线如图 10.3 所示。实验结果表明流量控制器稳定性较好,推力

器加热效果比较明显,测量得到的推力值从不加热时的 0.04N 上升到使用 700W 氙灯加热时的 0.08N,使用 2kW 氙灯加热时达到 0.12N。

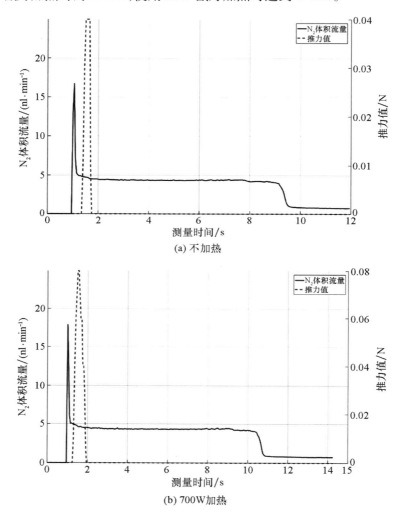

(a) 不加热

(b) 700W加热

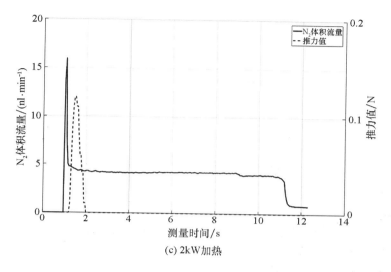

(c) 2kW加热

图 10.3　低功率加热实验结果

10.3　推力器变工况推进剂加热实验

由于氙灯光谱与太阳光谱基本一致,实验设计中采用氙灯强光源模拟系统模拟太阳光对推力器进行加热。该氙灯电功率变化范围为 700W 到 7kW,电光转换效率约为 60%。在实验中通过逐渐地增大功率,防止较大的热冲击造成二次聚光器的破裂,图 10.4 所示为正在进行中的加热试验。

图 10.4　正在使用氙灯加热推力器

推力器长时间加热后,聚光器固定面板有一定程度的灼烧变色,但二次聚光器仍保持完好无损,如图10.5(a)所示,说明二次聚光器在此高温环境下可以连续长时间工作。推力器换热芯材料为金属钼,如图10.5(b)所示,加热后结构稳定,因此使用金属钼作为推力器的材料,可以在此苛刻的环境下长时间的工作。

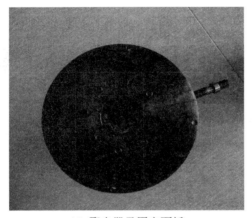

(a) 聚光器及固定面板　　　　　　　(b) 推力器吸收器

图10.5　推力器加热后的照片

10.3.1　调节流量大小保持加热功率不变

为了保证实验安全,调节减压阀使得压力保持在0.4MPa,加热功率为3kW,调节流量控制器的电压改变流量大小。表10.3所示为实验测得流量控制器在不同电压下测量系统测得的流量值大小。

实验测试结果推力和流量曲线如图10.6所示。由测试结果曲线可以得到,当加热功率保持不变时,在一定范围内推力随着流量增大而增大,从实验的角度验证了理论上改变推力的两种方式是有效的。

表10.3　流量控制器不同电压值下的工质流量

电压/V	1.0	2.0	3.0	4.0	5.0
流量/($nl \cdot min^{-1}$)	4.20	8.40	12.24	16.31	20.00

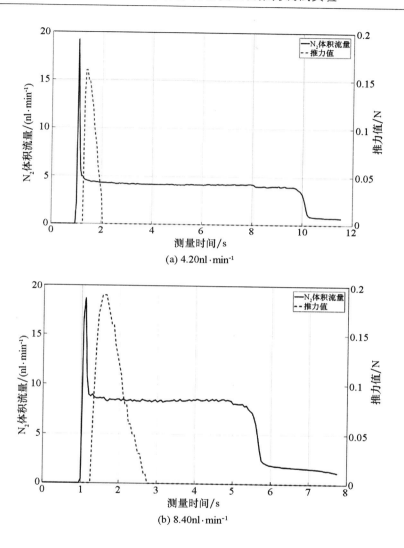

(a) 4.20nl·min⁻¹

(b) 8.40nl·min⁻¹

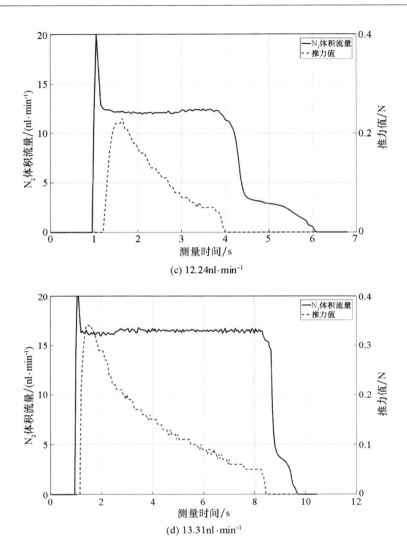

(c) 12.24nl·min⁻¹

(d) 13.31nl·min⁻¹

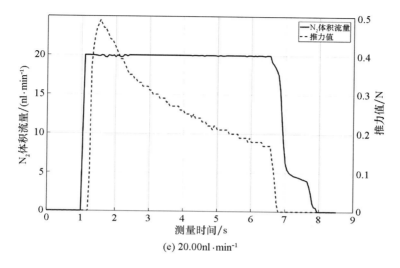

(e) 20.00nl·min⁻¹

图 10.6 不同流量值下推力变化曲线

10.3.2 调节加热功率保持流量不变

逐渐提高模拟入射太阳光的氙灯功率,分别采用 1kW、2kW,3kW 和 4kW 的电功率对推力器进行加热,得到的测试曲线如图 10.7 所示。从图中可以看出,推力器最大推力值随着加热功率的增大而显著变大。实验采用氮气作为推进剂,此时测得的最大推力已经达到 0.60N。

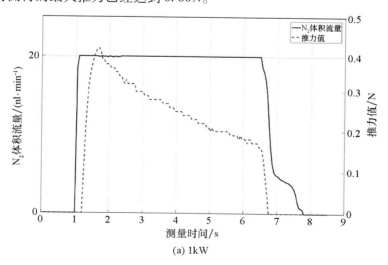

(a) 1kW

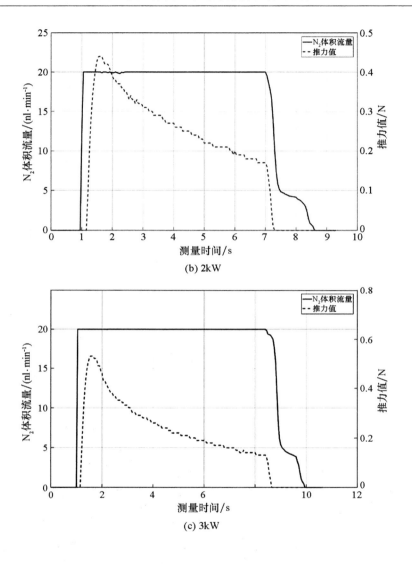

(b) 2kW

(c) 3kW

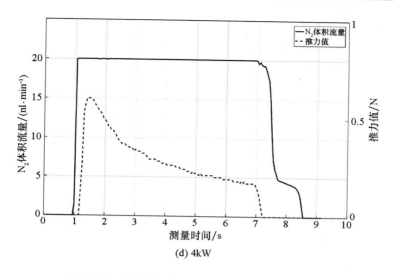

(d) 4kW

图 10.7　不同氙灯功率下的流量和推力变化曲线

　　本章开展了变工况太阳能热推力器实验,在进行冷气推进实验时,受喷管结构参数和实验条件的限制,存在仅通过调节推进剂流量时,在一定条件下推力器不能在设计工况下工作的情况。而在进行加热推进实验时,采用氙灯模拟太阳光,以氮气为推进剂,验证了氙灯加热的有效性,推力器推力得到明显提高,此时,氮气可被加热到 700K 以上。因此,从实验的角度验证了可通过调节流量和入射太阳光来改变推力器推力大小的可行性。

参考文献

[1] Kennedy F G, Palmer P L. Preliminary design of a micro-scale solar thermal propulsion system[R]. AIAA 2002 – 3928, 2002.

[2] Kennedy F G, Palmer P L. Propulsion for space transportation of the 21st century [C]//Proceedings of 6th International Symposium, Versailles, France, 2002.

[3] Wilner B, Hays L, Buhler R. Research and development studies to determine feasibility of a solar LH2 rocket propulsion system[R]. RTD-TDR – 63 – 1085.

[4] Morio S, Katsuya I, Yoshihiro N. Very small solar thermal thruster made of single crystal tungsten for micro/nanosatellites[R]. AIAA 2000 – 3832, 2000.

[5] Bérend N. System study for a solar thermal thruster with thermal storage [C]//Proceedings of 39th AIAA/ASME/SAE/ASEE Joint Propulsion Conference and Exhibition, Huntsville, Alabama, 2003.

[6] Koroteev A S, Kochetkov Y M, Akimov V N. Solar power propulsion system adaptation to ariane 5 and preliminary development plan[R]. AIAA 2004 – 4173, 2004.

[7] Lyman R W, Ewing M E, Krishnan R S. Solar thermal propulsion for an interstellar probe[C]//Proceedings of 37th AIAA/ASME/SAE/ASEE Joint Propulsion Conference and Exhibition, Salt Lake City, Utah, 2001.

[8] 张纯良, 高芳, 张振鹏, 等. 太阳能热推进技术的研究进展[J]. 推进技术, 2004, 25(2): 187 – 192.

[9] 夏广庆, 毛根旺, 唐金兰, 等. 太阳能热推进的研究与发展[J]. 固体火箭技术, 2005, 28(1): 10 – 14.

[10] 张纯良, 张振鹏, 魏志明. 太阳能火箭发动机聚光器设计方法[J]. 航空动力学报, 2004, 19(4): 557 – 561.

[11] 张纯良, 王平. 太阳能火箭发动机吸热/推力室流场及性能计算[J]. 航空动力学报, 2006, 21(5): 943 – 948.

［12］ 夏广庆，毛根旺，唐金兰，等. 折射式二次聚光太阳能热推力器性能预示［J］. 固体火箭技术，2005，28（2）：79－82.

［13］ 黄敏超，杜运良. 吸气式太阳能热推进系统进气道特性分析［J］. 国防科技大学学报，2016，38（6）：59－63.

［14］ Valentian D, Amari M, Fratacci G. A Comparison of low cost cryogenic propulsion and solar thermal propulsion for orbit transfer［R］. AIAA paper AIAA 2002－3590, 2002.

［15］ Pearson J C, Lester D M, Holmes M R. Solar thermal vacuum testing of an integrated membrane concentrator system at the NASA GRC tank 6［R］. AIAA 2003－5173, 2003.

［16］ Clark P, Streckert H, Desplat J L. Solar thermal test of cylindrical inverted thermionic converte［R］. AIAA 2003－6102, 2003.

［17］ Henshall P, Palmer P. Solar thermal propulsion augmented with fiber optics：technology Development ［C］//Proceedings of 42nd AIAA/ASME/SAE/ASEE Joint Propulsion Conference and Exhibit, Sacramento, California, 2006.

［18］ Partch R, Frye P. Solar orbit transfer vehicle space experiment conception design［R］. AIAA 99－2476, 1999.

［19］ Olsen A D, Cady E C, Jenkins D S, et al. Solar thermal upper stage cryogen system engineering checkout test［C］//Proceedings of 35th AIAA/ASME/SAE/ASEE Joint Propulsion Conference, Los Angeles, California, 1999.

［20］ Etheridge F. Solar rocket concept analysis：final technical report［R］. AFRPL－TR－79－79.

［21］ Humble R, Henry G, Larson W. Space propulsion analysis and design［R］. 1995.

［22］ Schleiniztz J, Lo R. Solar thermal OTVs in comparison with electrical and chemical propulsion systems ［C］//Proceedings of 38th Congress of the International Astronautical Federation, IAF－87－199, Brighton, UK.

［23］ Tucker S. Solar thermal engine testing［C］//NASA JPL/MSFC/UAH 12th Annual Advanced Space Propulsion Workshop, Huntsville, Alabama, 2001.

［24］ Patrick E F, Kudija C T. Integrated solar upper stage engine ground demonstration test result and data analysis［C］//Proceedings of 34th AIAA Joint Propulsion Conference and Exhibit, Cleveland, Ohio, 1998.

［25］ Clark W, Alan M. Conceptual design of a Solar Thermal Upper Stage

(ISUS) flight experiment[R]. AIAA 95 - 2842, 1995.

[26] Woodcock G, Byers D. Results of evaluation of solar thermal propulsion [R]. AIAA2003 - 5029, 2003.

[27] Richard F, Gregory T. Design description of the ISUS receiver/absorber/ converter configuration and electrical test[C]//AIAA96 - 3046

[28] Brian A. Analysis of the solar thermal upper stage technology demonstrator liquid acquisition device with integrated thermodynamic vent system [R]. AIAA96 - 2745, 1996.

[29] Nakamura T, Sullivan D, McClanahan J A, et al. Solar thermal propulsion for small spacecraft[R]. AIAA 2004 - 4138, 2004.

[30] Nakamura T, Krech R H, McClanahan J A, et al. Solar thermal propulsion for small spacecraft: engineering system development and evaluation [R]. AIAA 2005 - 3923, 2005.

[31] Sahara H. Opposed-cavity solar thermal thruster made of single crystal tungsten[C]//Proceedings of International Electric Propulsion Conference, 27th IEPC, Pasadena, CA, USA, 2001.

[32] Sahara H, Shimizu M. Solar thermal propulsion system for microsatellite orbit transferring[R]. AIAA 2004 - 3764, 2004.

[33] Shimizu M, Naito H, Sahara H. 50mm cavity diameter solar thermal thruster made of single crystal molybdenum[R]. AIAA 2001 - 3733, 2001.

[34] Sahara H, Shimizu M. Solar thermal propulsion investigation activities in NAL[C]//Proceedings of the Second International Symposium on Beamed Energy Propulsion, edited by Komurasaki K, AIP Conference Proceedings, 702, Sendai, Japan, 2003: 322 - 333.

[35] Sahara H, Shimizu M. Solar thermal propulsion system for a Japanese 50 kg-class microsatellite[R]. AIAA 2003 - 5032, 2003.

[36] Kennedy F G, Palmer P. Result of a microscale solar thermal engine ground test campaign at the surrey space centre[R]. AIAA 2004 - 4173, 2004.

[37] Kennedy F G. Solar thermal propulsion for microsatellite manoeuvring[D]. Guildford: University of Surrey, 2004.

[38] Henshall P R, Palmer P. Solar thermal propulsion augmented with fiber optics: a system design proposal[R]. AIAA 2005 - 3922, 2005.

[39] Henshall P, Palmer P. Solar thermal propulsion augmented with fiber optics:

technology development[R]. AIAA 2006 - 4874, 2006.

[40] Miles B J, Kerr J M. Coatings for high temperature graphite thermal energy storage in the integrated solar upper stage[R]. AIAA 96 - 3047, 1996.

[41] Kessler T L. An overview of a solar thermal propulsion and power system demonstration applicable to HEDS[R]. AIAA 2001 - 4777, 2001.

[42] Tucker T W, Landrum D B. Effects of scale and chamber conditions on the performance of hydrogen thrusters for solar thermal rockets[R]. AIAA 96 - 3216, 1996.

[43] Stark L D, Bonometti J A, Gregory D A. Experimental evaluation of solar thermal rocket absorber and concentrator surfaces [R]. AIAA96 - 2929, 1996.

[44] Henshall P R. A proposal to develop and test a fibre-optic coupled solar thermal propulsion system for microsatellites [R]. Approved for Public Release, 2006.

[45] 达菲 J. A., 贝克曼 W. A.. 太阳能 - 热能转换过程 [M]. 北京:科学出版社, 1980.

[46] 西格尔 R., 豪厄尔 J. R. 热辐射传热 [M]. 北京:科学出版社, 1990.

[47] 施钰川. 太阳能原理与技术[M]. 西安:西安交通大学出版社, 2009.

[48] Jonathan A S, George D Q. Failure analysis of sapphire refractive secondary concentrators[R]. NASA/TM - 2009 - 215802, 2009.

[49] 戴贵龙,夏新林,孙创. STP 热光伏发电的方案设计与性能分析[J]. 宇航学报, 2011, 32(2):451 - 457.

[50] 戴贵龙,夏新林,孙创. 容积式吸热器内聚焦太阳能的传输特性研究[J]. 工程热物理学报, 2011, 32(11):1941 - 1944.

[51] 戴贵龙,夏新林,于明跃. 多模式太阳能热推进的性能计算和分析[J]. 宇航学报, 2010, 31(6):1631 - 1636.

[52] 戴贵龙. 太阳能两级聚焦与高温热转换的光热传输特性研究[D]. 哈尔滨:哈尔滨工业大学, 2012.

[53] 戴贵龙,夏新林. 石英窗口太阳能吸热腔转换特性研究[J]. 工程热物理学报, 2010, 31(6):1005 - 1008.

[54] 夏广庆. STP 太阳热转换机理研究及实验系统方案设计[D]. 西安:西北工业大学, 2005.

[55] 杨杰,杨立军. 推进剂通道结构对太阳热发动机影响数值研究[J]. 航

空动力学报, 2010, 25(5): 1156 - 1162.

[56] Shoji J M, Frye P E, McCIanahan J A. Solar thermal propulsion status and future[R]. AIAA92 - 1719, 1992.

[57] 苏霄燕, 章本照, 方勇军, 等. 旋转方形截面螺旋管内流动与传热特性[J]. 应用力学学报, 2004, 21(4):46 - 50.

[58] 陈华军. 旋转曲线管道内流动结构与换热特性研究[D]. 杭州: 浙江大学, 2003.

[59] 麻剑锋. 旋转曲线管道内湍流流动结构和传热特性研究[D]. 杭州: 浙江大学, 2007.

[60] Robert L. Overview of United States space propulsion technology and associated space transportation systems[J]. Journal of Propulsion and Power, 2006, 22(6): 1310 - 1333.

[61] White S M. High-temperature spectrometer for thermal protection system radiation measurements[J]. Journal of Spacecraft and Rockets, 2010, 47 (1):21 - 28.

[62] 郁新华. 层板冷却特性的研究[D]. 西安: 西北工业大学, 2001.

[63] 郁新华, 董志锐, 刘松龄, 等. 层板模型流阻特性的研究[J]. 推进技术, 2000, 21(4):47 - 50.

[64] 郁新华, 全栋梁, 许都纯, 等. 层板结构内部换热特性的研究[J]. 航空学报, 2003, 24(5): 405 - 410.

[65] 全栋梁. 层板叶片冷却特性的研究[D]. 西安: 西北工业大学, 2005.

[66] 全栋梁, 郁新华, 刘松龄, 等. 层板冷却结构流阻特性的实验与数值模拟[J]. 推进技术, 2003, 24(5):425 - 428.

[67] 全栋梁, 李江海, 刘松铃. 雪花型层板结构冷却特性的数值模拟研究[J]. 热科学与技术, 2004, 3(1):55 - 59.

[68] 牛禄. 液体火箭发动机层板再生冷却技术研究[D]. 上海: 上海交通大学, 2002.

[69] 杨卫华, 程惠尔, 王平阳, 等. 推力室喉部层板发汗冷却段的结构设计分析[J]. 推进技术, 2004, 25(4):316 - 319.

[70] Yang W H, Cheng H, Cai A. Experimental study for flow characteristics of adjustment channel in platelet thrust chamber[R]. AIAA Paper 2002 - 3705, 2002.

[71] 刘伟强, 陈启智, 吴宝元. 典型结构的层板发汗冷却推力室传热特性的

推算方法[J]. 推进技术, 1998, 19(6):15 - 19.

[72] Liu W Q, Chen Q Z. The effect of transpiration cooling with liquid oxygen on the flow field[R]. AIAA Paper 98 - 3515.

[73] 张峰. 层板发汗冷却理论分析及应用研究[D]. 长沙: 国防科技大学, 2008.

[74] Karniadakis G E, Beskok A. Micro flows: fundamentals and simulation[M]. New York: Springer Verlag, 2002.

[75] Pfahler J N, Harley J C, Bau H, et al. Gas and liquid flow in small channels[R]. ASME DSC, 1991, 32: 49 - 60.

[76] Harley J C, Huang Y F, Ban H, et al. Gas flow in microchannels[J]. Journal of Fluid Mechchanics, 1995, 284: 257 - 274.

[77] Arkilic E, Breuer K. Gaseous flow in small channels[R]. AIAA 93 - 3270, 1993.

[78] Arkilic E, Breuer K, Schmidt M. Gaseous flow in microchannels[J]. Application of Microfabrication to Fluid Mechanics, 1994, 197:57 - 66.

[79] 江小宁. 微量流体测量与控制系统实验研究[D]. 北京: 清华大学, 1996.

[80] 秦丰华, 姚久成, 孙德军. 微尺度圆管内气体流量的实验测量[J]. 实验力学, 2001, 16(2): 119 - 126.

[81] 过增元. 国际传热研究前沿 - 微细尺度传热[J]. 力学进展, 2000, 30 (1): 1 - 6.

[82] 邬小波, 过增元. 微细光滑管内气体的流动与传热特性研究[J]. 工程热物理学报, 1997, 18(3): 326 - 330.

[83] 杜东兴, 李志信, 过增元. 微细管内压力功及粘性耗散对流动特性的影响[J]. 清华大学学报(自然科学版), 1999, 39(11): 58 - 60.

[84] Cai C P, Boyd I D, Fan J. Direct simulation methods for low-speed microchannel flows[R]. AIAA 99 - 3801, 1999.

[85] 樊菁, 沈青. 微尺度气体流动[J]. 力学进展, 2002, 32(3): 321 - 336.

[86] Carlson H A, Roveda R, Boyd I D. A hybrid CFD-DSMC method of modeling continuum-rarefied flows[R]. AIAA 2004 - 1180.

[87] 祁志国. 微尺度气体流动与传热的直接 Monte-Carlo 方法模拟[D]. 北京: 中国科学院研究生院, 2007.

[88] 郑林. 微尺度流动与传热传质的格子 Boltzmann 方法[D]. 武汉: 华中科技大学, 2010.

[89]　Lacy J M, Carmack W J, Miller B G. results of risk reduction activities for the SOTV space experiment solar engine[R]. AIAA 2001 - 3989, 2001.

[90]　Kudija C. The Integrated Solar Upper Stage (ISUS) engine ground demonstrator (EGD)[R]. AIAA 96 - 3043, 1996.

[91]　Cady E C, Olsen A D, Jr. Cryogen storage and propellant feed system for the Integrated Solar Upper Stage (ISUS) Program[R]. AIAA 96 - 3044, 1996.

[92]　Richards D R, Vonderwell D J. Flow network analyses of cryogenic hydrogen propellant storage and feed system[R]. AIAA97 - 3223, 1997.

[93]　Tucker T W, Landrum D B. Effects of scale and chamber conditions on the performance of hydrogen thrusters for solar thermal rockets[R]'. AIAA Paper 96 - 3216, 1996.

[94]　Landrum D B, Beard R M. Dual fuel solar thermal propulsion computational assessment of nozzle performance[R]. AIAA Paper 96 - 3217, 1996.

[95]　LeBar J F. Testing of multiple orifice Joule-Thomson devices in liquid hydrogen[R]. AIAA97 - 3315, 1997.

[96]　Davidson D F, Kohse-Hoingaus K, Chang Y. A pyrolysis mechanism for ammonia [J]. International Journal of Chemical Kinetics, 1990, 22: 513 - 535.

[97]　Konnov A A, Ruyck J D. Kinetic modeling of the thermal decomposition of ammonia[J]. Combustion Science and Technology, 2000(152):23 - 37.

[98]　Chambers A, Yoshii Y, Inada T. Ammonia decomposition in coal gasification atmospheres[J]. The Canadian Journal of Chemical Engineering, 1996, 74:929 - 934.

[99]　Monnery W D, Hawboldt K A, Pollock A E. Ammonia pyrolysis and oxidation in the claus furnace [R]. Industrial & Engineering Chemistry Research, 2001, 40: 144 - 151.

[100]　Darcy L A, Pavlos G M. Pulsed inductive thruster, part 2: two-temperature thermochemical model for ammonia[R]. AIAA 2004 - 4092, 2004.

[101]　Colonna G, Capitta G, Capitelli M, et al. Model for ammonia solar thermal thruster[J]. Journal of Thermophysics and Heat Transfer, 2006, 20(4): 772 - 779.

[102]　Dagmar B, Monika A K, Helmut L K. Design of an ammonia propellant feed system for a 1 kW class thermal arcjet thruster system[R]. AIAA 2006 - 4852, 2006.

［103］ 张根炬，蔡晓丹，刘明侯，等. 微尺度拉伐尔喷管冷态流场及其推进性能［J］. 推进技术，2004，25(1)：54－57.

［104］ 张云浩. 空间太阳能吸热储热器热分析［D］. 北京：北京航空航天大学，2002.

［105］ 吴俐俊. 基于传热分析的高炉冷却壁结构优化和智能仿真方法的研究［D］. 上海：上海交通大学，2005.

［106］ 陶文铨. 数值传热学（第 2 版）［M］. 西安：西安交通大学出版社，2001.

［107］ 余建祖. 换热器原理与设计［M］. 北京：北京航空航天大学出版社，2006.

［108］ 余其铮. 辐射换热原理［M］. 哈尔滨：哈尔滨工业大学出版社，2000.

［109］ 刘林华，赵军明，谈和平. 辐射传递方程数值模拟的有限元和谱元法［M］. 北京：科学出版社，2008.

［110］ 谈和平，夏新林，刘林华，等. 红外辐射特性与传输的数值计算——计算热辐射学［M］. 哈尔滨：哈尔滨工业大学出版社，2006.

［111］ 范绪箕. 气动加热与热防护系统［M］. 北京：科学出版社，2004.

［112］ 李志信，过增元. 对流换热优化的场协同理论［M］. 北京：科学出版社，2010.

［113］ Zhu D M, Nathan S J, Miller R A. Thermal-mechanical stability of single crystal oxide refractive concentrators for high-temperature solar thermal propulsion［R］. NASA/TM－1999－208899，2009.

［114］ Kennedy F G. Solar thermal propulsion for microsatellite manoeuvring［D］. Guildford：University of Surrey，2004.

［115］ 史月艳，那鸿悦. 太阳光谱选择性吸收膜系设计、制备及测评［M］. 北京：清华大学出版社，2009.

［116］ 张鹤飞. 太阳能热利用原理与计算机模拟（第 2 版）［M］. 西安：西北工业大学出版社，2007.

［117］ Kitamura R, Pilon L, Jonasz M. Optical constants of silica glass from extreme ultraviolet to far infrared at near room temperature［J］. Applied Optics，2007(33)：8118－8133.

［118］ Beder E C, Bass C D, Shackleford W L. Transmissivity and absorption of fused quartz between 0.22 and 3.5 from room temperature to 1500℃［J］. Applied Optics，1971，10(10)：2263－2267.

图 1.4 ISUS 推力器组件图

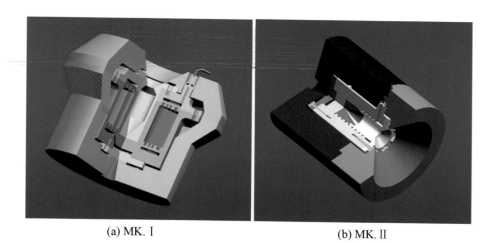

(a) MK. Ⅰ   (b) MK. Ⅱ

图 1.7 SSC 太阳能热推力器结构图

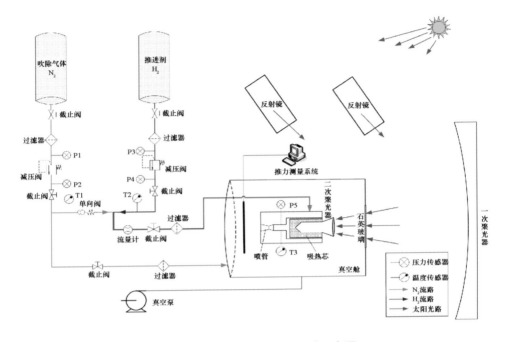

图 2.5 太阳能热推进实验系统示意图

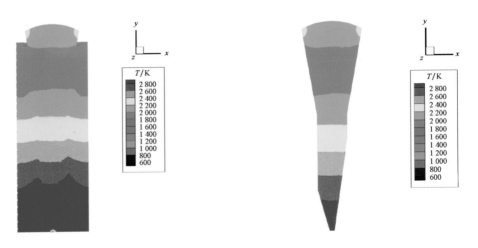

图 4.4 无再生冷却时的温度分布

图 4.5 RSC 温度分布

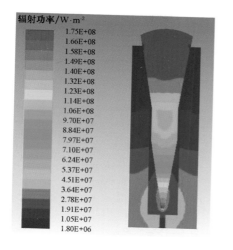

图 4.6　入射辐射分布

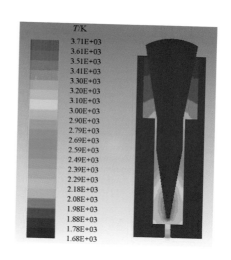

图 4.7　辐射温度分布

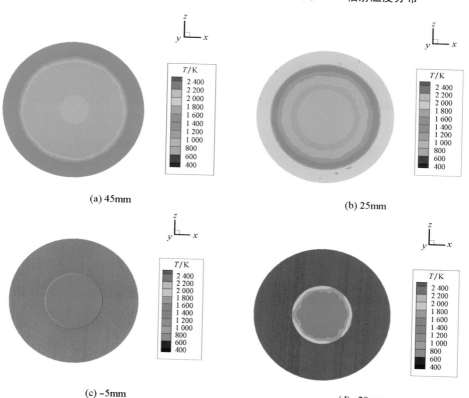

(a) 45mm

(b) 25mm

(c) −5mm

(d) −20mm

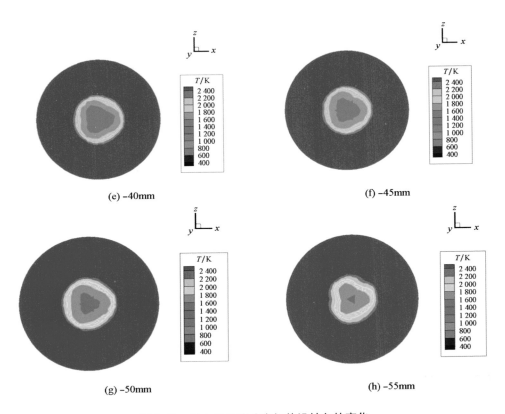

(e) –40mm   (f) –45mm

(g) –50mm   (h) –55mm

图 4.10　推力器温度分布切片沿轴向的变化

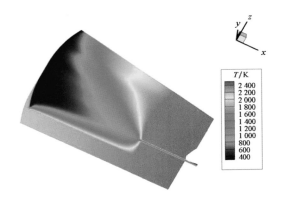

图 5.6　层板单通道模型的三维温度分布

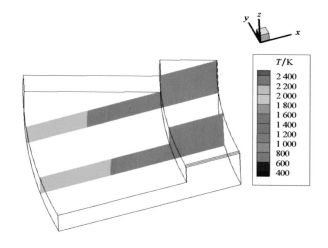

图 5.8　层板固体部分温度分布

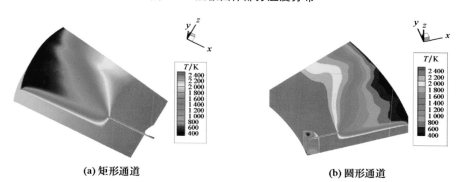

(a) 矩形通道　　　　　　　　　**(b) 圆形通道**

图 6.3　层板和工质温度分布情况

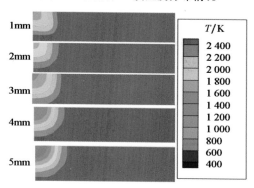

图 6.11　不同控制通道长度下换热芯出口截面静温分布

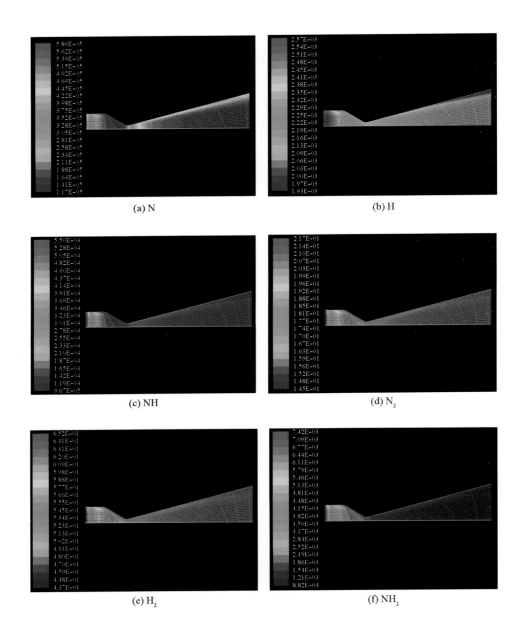

(a) N

(b) H

(c) NH

(d) N$_2$

(e) H$_2$

(f) NH$_2$

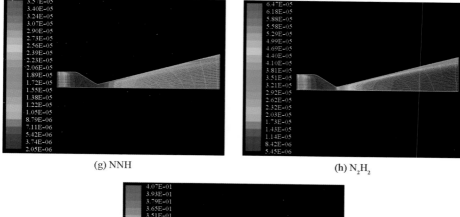

(g) NNH

(h) N_2H_2

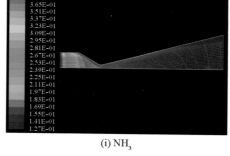

(i) NH_3

图 7.12 喷管内各组分摩尔分数分布变化

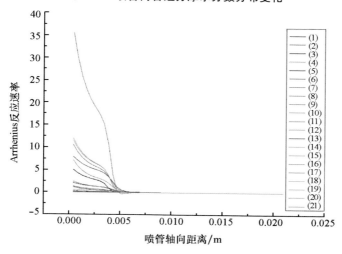

图 7.15 各个基元反应在喷管内反应速率的变化趋势

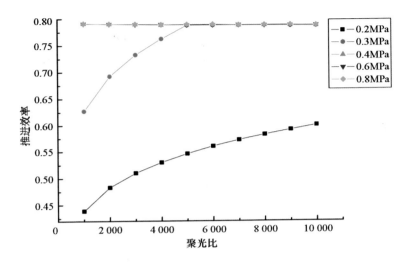

图 8.3　不同推力室压力下系统推进效率随聚光比的变化

图 9.20　加热实验后推力器灼烧变色